鬼灭之刃
心理学
锻造强大内心的38个法则

[日]井岛山佳 著
潘郁灵 译

NEWSTAR PRESS

新星出版社

前言

拥抱更强大的自己

我从儿子口中听说了《鬼灭之刃》这部漫画，翻看之后不由被其深深折服。

我衷心希望能有更多的学生和年轻人阅读这部漫画。

很少有漫画能**像《鬼灭之刃》这样，以一种热血又简单易懂的方式将父母和老师的谆谆教导传达给年轻的读者。**

现实世界十分残酷。

世事无法尽如人意。

我们无法自由地做自己想做的事情，也无法轻易得到想要的东西。

现实常常会让我们深感自身的渺小和无力。

我想大家常常会听别人说：**只有让自己变得足够强大，才能更好地立足于这个世界。**

那么，如何才能变得强大呢？想必大多数人都不敢妄下定论。因为谁也不敢断言"只要这么做就能变强大"。

而我们却能在《鬼灭之刃》中得到清晰的答案。

《鬼灭之刃》教会我们何谓"强大"

怎么做才能变得强大？

强大的人是如何处事、如何思考的呢？

这部漫画通过各种角色，给了我们答案。

以主角灶门炭治郎为例。

他是一个真正的强者，但他的强大并不仅仅局限于拥有强大的力量和技能。

炭治郎的强大在于其坚韧的人格。

例如，他严于律己、宽以待人，且能明辨是非，勇于遵从内心对"好坏"做出评判。他十分关心家人和朋友，即使在面对与人类为敌的鬼时，也能怀有一颗慈悲之心。他从不怨恨、嫉妒、强迫他人，他真诚、纯粹、坦率，且善于发现对方的优点，能够关注并肯定他人……

但人无完人，他的身上自然也有一些缺点，也有傻乎乎的一面，可就是让人讨厌不起来。

的确，炭治郎也只是个普通的少年，但他几乎拥有一切足以支撑他在这个世界上好好活下去的强大特质。具体内容我将在正文中说明。

虽然在现实生活中，我们无法模仿炭治郎的必杀技和攻击技能，但他的心态和自我提升的方式却十分值得我们学习。

《鬼灭之刃》还塑造了许多别具魅力的角色，并给他们设计了精彩的台词，以及让人不由得想要模仿的帅气动作。

这部作品不仅情节有趣，塑造出的人物也都拥有鲜明的个性，让读者争相模仿，这也是这部作品能够打动各个年龄层读者的重要原因之一。

《鬼灭之刃》虽然是一个富有奇幻色彩的故事，但其内核却并不奇幻。

这部作品所蕴含的人生哲理，十分具有现实意义。

无论大人还是孩子，我们都希望有人能告诉自己，如何才能坚强地生活，而这本漫画里就有很多诸如此类的教诲。

正因如此，大家才会产生共鸣，并为之热血沸腾。

《鬼灭之刃》最初于 2016 年春开始在《周刊少年JUMP》（集英社）上连载。2019 年 4 月同名动画上映后，原作也随之大火，现已成为日本名副其实的"国民漫画"了。

一时间，社会上掀起了一阵"鬼灭热潮"。漫画和周边产品超级畅销，原作系列漫画的累计发行量更是突破了

4000 万册（截至 2020 年 1 月），动漫主题曲《红莲华》也红得发紫。相关的 Cosplay 自然也是异常火爆，想在发型、发色等方面尽可能模仿动漫角色的粉丝们不断涌现。

"鬼灭热潮"真可谓气势如虹，锐不可当。

我认为这股热潮存在某种必然性。

正因现实难以改变，炭治郎的进取才更可贵

《鬼灭之刃》将故事背景设定在大正时代的日本。

父亲去世后，作为长子的炭治郎成为家中的顶梁柱。与曾经的父亲一样，他每天上山伐木、制炭、售卖，以养家糊口。

某天，他去山脚下的镇上卖炭时，家人遭到了恶鬼的袭击，母亲与四个弟弟妹妹惨遭杀害，只有妹妹祢豆子幸存，但祢豆子却因体内流入恶鬼的血液，也变成了鬼。

一心想要拯救妹妹的炭治郎，遇到了猎鬼组织"鬼杀队"的队员富冈义勇。在义勇的激励下，为了让祢豆子变回人类，炭治郎下定决心与恶鬼斗争到底。

在负责培养鬼杀队剑士的"培育师"鳞泷左近次的指导下，他刻苦修行，通过了九死一生的残酷考试，成功加入鬼杀队。

炭治郎听说，一个名为鬼舞辻无惨的活了一千年的鬼或许知道让祢豆子变回人类的方法，于是他踏上征途，与同伴以及素有"柱"之称的鬼杀队精锐部队的剑士们（共有九人）一起切磋琢磨、齐心协力，与鬼舞辻手下的恶鬼们展开了轰轰烈烈的战斗。

炭治郎能打倒鬼舞辻吗？

祢豆子能变回人类吗？

这就是《鬼灭之刃》故事的大致框架。

一路上遇到各种各样的人，在与恶鬼的战斗中得到成长，变得更加强大，这是故事的一大看点。

前行路上的障碍越大，战斗就越激烈，但炭治郎无论身处何种困境都英勇战斗、永不言弃的精神，深深地感染了读者。

炭治郎所面对的，是一个残酷的世界。要是普通人，说不定早已崩溃。

炭治郎本拥有一个虽然贫苦但幸福的家庭，是恶鬼的

残忍让他惨遭家破人亡的厄运。这个故事别说从零开始了，简直就是以一个巨大的负数为开端。但即便如此，炭治郎依然持续前进。

我们能从炭治郎的一言一行中，获得许多解决问题、扭转局面的启示。

在日常生活中，我们总会或多或少遇到一些有理说不清的情况。

例如：

· 我明明是按照你的要求做的，为何错了后挨骂的却是我？

· 我什么也没做错，只是因为笑容不够灿烂而挨骂。

· 我最喜欢的东西被朋友弄坏了。

· 明明大家都没有守时，却单单指责我一个人。

· 明明约好了，却不说一声就被放鸽子。

遇到这种情况时，大家都会觉得很生气、很愤怒，这是人之常情。炭治郎的家人和朋友被恶鬼杀害时，他也怒不可遏，但他却化悲愤为动力，努力思考应对的计策。**他从不责怪别人，也从不怨天尤人、自暴自弃。正因如此，他总能突破困境，让自己变得更优秀、更强大。**

同样，在面对因自己太过弱小而导致的失败或危机时，他也常常反思：究竟问题出在哪里？如何才能行得通？

这就是炭治郎不断变强的原因。

> "失去了就是失去了，你只能选择坚强地活下去，无论遭受了怎样的打击。"
>
> （摘自第2卷第13话"你就是……"）

这是炭治郎对一位名叫和巳的青年说的话。和巳得知未婚妻被鬼吃掉的消息后，内心彻底崩塌。

炭治郎一边担心和巳，一边也在告诫自己，绝不能原地踏步，一定要勇敢前进。

通过这句台词，我们看到了炭治郎的坚韧不拔。**他接受当下的自己无法改变不合理现状的事实，但绝不会一蹶不振，而是勇敢无畏地努力前行。**

炭治郎教会我们，逐渐被现代人遗忘的强韧与美德

我主攻的方向是心理学，除了在大学任教，还担任心

理咨询师和讲师，在各中学、大学、地方政府和企业中，也时常会开设职业生涯规划和团队建设相关的讲座。

我常常会在讲座中融入漫画的角色和情节，其中就有不少选自漫画《鬼灭之刃》。

炭治郎及其伙伴的生活方式、思考方式、相处模式等，都能为我们建立健康、良好的人际关系提供宝贵的建议。

我曾经向学生发起过一份问卷调查，其中有"对你产生过重要影响的漫画及其理由"的问题，我得到的回答如下。

学生 A："《鬼灭之刃》。因为我觉得炭治郎很厉害，他珍惜每一个家人和朋友，虽然这是一件看似稀松平常的事情。"

学生 B："《鬼灭之刃》。因为它让我明白了，应该认真做好每一件看似理所当然的事情。"

以炭治郎为核心，漫画中很多登场人物的言行举止，都是我们理所应当做到的，却几乎被现代人所遗忘。

故事发生在大正时代，我能深切地感受到作者对日本人那种古老而美丽的心灵的怀念和珍视。

只有不断努力，才能达成目标。

人类无法独自生存。

认可、尊重、珍惜对方十分重要。

《鬼灭之刃》向我们呈现了那些看似理所当然，却又难以意识到的"人生真理"，以及人类的强大之处。

《鬼灭之刃》让我受益匪浅，也希望本书能给大家带来一些启示。

除了重要角色炭治郎、祢豆子、善逸、伊之助、鬼杀队柱级队员的经典台词和相关剧情，我也会将以鬼舞辻为首的恶鬼们的言行作为反面教材。相信通过善恶的对比，大家更能深刻地感受到炭治郎的强大之处。

- 没有明确目标，浑浑噩噩地活着。

- 总是在挑战之前就已经放弃。

- 不想太努力。

- 总是消极否定。

- 不擅长与他人交流。

- 凡事都以自我为中心。

- 总是不愿意承认自身的错误。

- 因害怕被人讨厌而隐藏内心，活得谨小慎微。

- 总觉得自己很不幸。

如果你也符合上述特征，或"不想成为这样的人"，那就请一定要读完本书。

炭治郎和伙伴们的故事，一定能让你鼓起勇气，迎接充满希望和成就感的人生。

希望本书能让大家拥抱更强大的自己，无论遇到什么困境，都能靠自己的双手开创未来，迈出追梦的第一步。若能如此，便是吾之幸事。

《鬼灭之刃》人物关系图

鬼杀队

当主
（鬼杀队的领导人）

产屋敷耀哉（主公）

柱
（鬼杀队最高级别的剑士）

富冈义勇（水柱）　　宇髄天元（音柱）　　悲鸣屿行冥（岩柱）
炼狱杏寿郎（炎柱）　甘露寺蜜璃（恋柱）　不死川实弥（风柱）
蝴蝶忍（虫柱）　　　时透无一郎（霞柱）　伊黑小芭内（蛇柱）

隐
负责战斗善后
和支援

队士
（主战力）

灶门炭治郎　我妻善逸
嘴平伊之助　不死川玄弥

继子
（柱的嫡传弟子）

栗花落香奈乎

其他相关职务

培育师　鬼杀队曾经的高级剑士，负责为有志于加入鬼杀队的人传授身为剑士的基本功。

刀匠　负责锻造猎鬼武器"日轮刀"的工匠。

鬼

鬼之始祖

鬼舞辻无惨

异能鬼
能够使用血鬼术的鬼

十二鬼月
（鬼舞辻无惨的直属部下）

上弦之鬼
拥有击败鬼杀队柱级剑士的实力。双眼分别刻有"上弦"字样和壹到陆的数字。

下弦之鬼
实力普遍不如鬼杀队的柱级剑士。单眼刻字，按能力等级刻有"下壹"到"下陆"字样。

下级鬼
没有特殊技能的鬼

本书中登场的《鬼灭之刃》主要人物

〔队士〕灶门炭治郎

《鬼灭之刃》的主人公，拥有十分灵敏的嗅觉。家人被恶鬼袭击，唯一幸存的妹妹也不幸变成了鬼。为了让妹妹变回人类而加入鬼杀队，成为一名剑士。这个重视亲情、心地善良的卖炭少年，在严苛的历练以及与鬼的战斗中，身心得到了磨炼，逐步成长为强大的剑士。

〔鬼〕灶门祢豆子

炭治郎的妹妹。被袭击时，因鬼舞辻的血流入体内而变成了鬼，但与其他恶鬼不同，她不会袭击人类，而是和炭治郎一起为保护人类而与鬼战斗。此外，祢豆子也是唯一一个克服了阳光的鬼。

〔队士〕我妻善逸

和炭治郎同期通过最终选拔的剑士，有着过人的听觉。生性懦弱，但一旦感到极度的恐惧便会陷入沉睡，进入觉醒状态，靠着强劲的脚力甚至可以打败上弦鬼。

〔队士〕嘴平伊之助

和炭治郎同期通过最终选拔的剑士，拥有非凡敏锐的感知力，生性好战，属于勇往直前的类型。经常头戴野猪面具，战斗时擅长使用双刀。

〔培育师〕鳞泷左近次

负责培养鬼杀队候补队员的培育师，炭治郎就是他的弟子。只有日夜苦练的剑士，才能拥有猎鬼的能力，所以他对炭治郎的训练极其严厉。他给炭治郎的最终试炼，就是劈开一块比自己身体还要大的岩石。

〔柱〕富冈义勇（水柱）

鬼杀队中最早见到炭治郎的人。炭治郎作为剑士的成长之路，就是从义勇放过祢豆子和自己，并将自己引荐给鳞泷开始的。义勇没有斩杀鬼化的祢豆子一事，严重违反了鬼杀队的纪律。

〔继子〕栗花落香奈乎

蝴蝶忍的继子，是和炭治郎同期通过最终选拔的剑士，拥有优于炭治郎等人的身体素质和敏锐的观察力。本是个没有主见之人，后来在炭治郎的影响下有了很大的改变。

本书中登场的《鬼灭之刃》主要人物  13

〔队士〕不死川玄弥

和炭治郎同期通过最终选拔的剑士，也是风柱不死川实弥的弟弟。一直都将炭治郎等人视为竞争对手，在一次与炭治郎的共同作战后终于敞开了心扉。

〔柱〕炼狱杏寿郎（炎柱）

在与上弦之叁的战斗中，杏寿郎向炭治郎等人展示了鬼杀队之柱的英勇气魄。他在生命的最后一刻留下了一句"我相信、相信你们，让心燃烧吧"，并将这份期待连同自己的日轮刀刀锷通过弟弟托付给了炭治郎。

〔柱〕蝴蝶忍（虫柱）

忍是九柱中唯一无法斩断鬼颈，而用毒药来击杀恶鬼的剑士。初次见到祢豆子时，她和义勇一样都想杀掉祢豆子，但在众柱审判后，她成了兄妹俩的支持者。后来她将已故的姐姐留给自己的梦想托付给了炭治郎。

〔柱〕甘露寺蜜璃（恋柱）

拥有与外表截然不同的强壮肌肉。和其他的柱不同，她从一开始就对炭治郎和祢豆子抱有好感，并在炭治郎等人与上弦之鬼对峙时，协助他们斩断了鬼的脖子。

〔柱〕时透无一郎（霞柱）

仅用两个月就成为柱的天才少年。在成为剑士之前曾被鬼袭击，从那时起记忆力就出现了问题。后来炭治郎帮助他恢复了记忆。

〔当主〕产屋敷耀哉（主公）

鬼杀队的第97代当主。虽没有出色的剑术能力，但因满满的慈悲之心而得以领导鬼杀队。他以自己仅剩的生命作为交换，帮助炭治郎和其他鬼杀队剑士进入与鬼舞辻的最终决战。

〔鬼之始祖〕鬼舞辻无惨

据说鬼舞辻是一千多年前第一个成为鬼的人。所有的鬼都会从鬼舞辻那里得到血液。为了能得到更多鬼舞辻无惨的血液，鬼必须不停地吃人。鬼舞辻通过力量控制着组织，目的是让自己成为可以克服阳光的鬼。

〔十二鬼月〕上弦之鬼

鬼舞辻直属部下"十二鬼月"中地位较高的六名成员，按实力等级分为一至六级，实力可与鬼杀队柱级剑士相匹敌，其成员已经近百年不曾更替。

〔十二鬼月〕下弦之鬼

"十二鬼月"中地位较低的六名成员，分为一至六级。在下弦之伍累被鬼杀队的炭治郎和富冈义勇斩杀后，下弦之鬼便遭到了鬼舞辻的肃清，当时唯一逃过一劫的下弦之壹魇梦后来也被炭治郎等人打败。

目 录

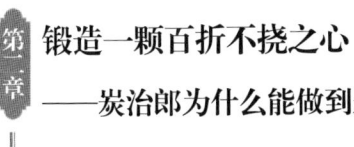

吸引志同道合者的"强大"秘诀
——炭治郎的温柔，是真正强大的表现　　　**107**

第五章 以鬼为鉴，克服人类的弱点
——鬼是人类的反面教材

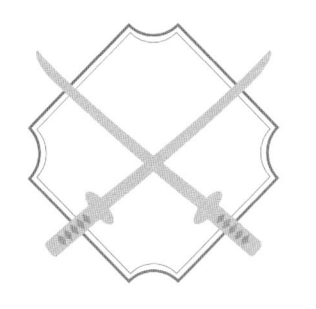

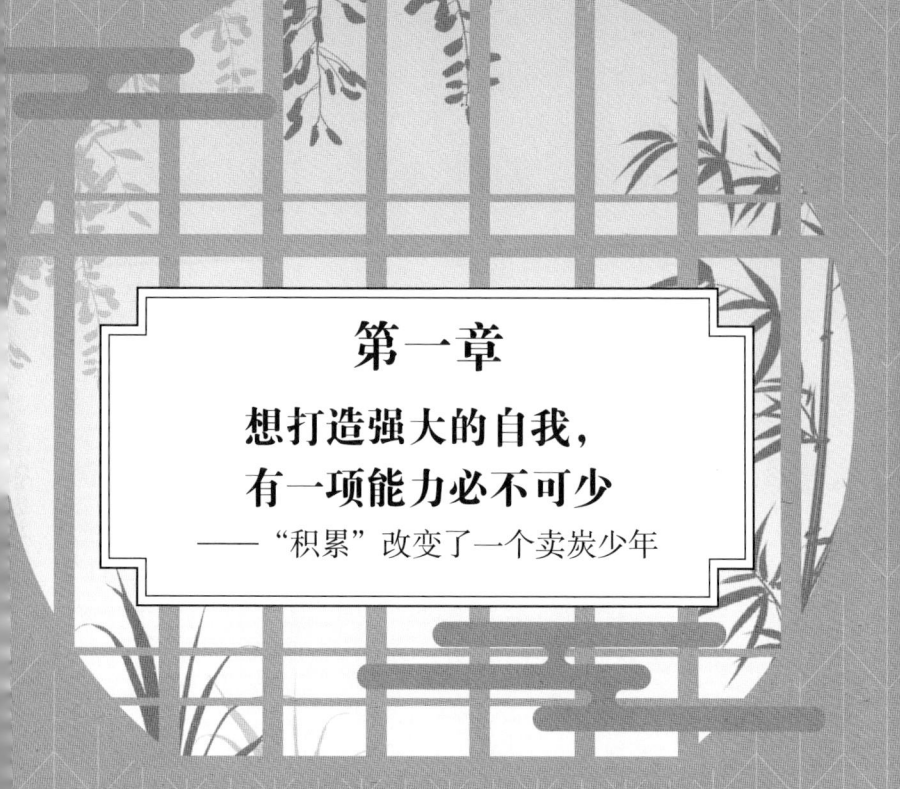

第一章

想打造强大的自我，
有一项能力必不可少

——"积累"改变了一个卖炭少年

炭治郎蜕变时的决心

《鬼灭之刃》里，教会我们如何锻造强大内心的中心人物，就是故事的主人公灶门炭治郎。

曾经的他，也只是个普通的少年，深受母亲的信任，是妹妹和弟弟们的依靠。每次下山卖木炭时，镇上的人都会亲切地和他打招呼。可是，就是这么一个珍惜家人、温柔善良的孩子，人生轨迹却自那日起发生了巨大的转折，自此一步步成长为以猎杀恶鬼为人生目标的强大剑士。

从炭治郎不断变强的过程中，我们可以看到一个从小连刀都没有挥过的卖炭少年，如何一步步成长为一个技艺高超、拥有强大内心的剑士。

炭治郎并非从小就接受了成为精英剑士的教育，他的成长之路也并非一帆风顺。但正因如此，我们才能从中学到

很多。

有些时候，哪怕我们已经拼尽全力，结果也未必尽如人意。可能会失败，可能一切努力都得不到任何回报，也可能会因目标过大而中途气馁，甚至早早放弃。

碰壁时，该如何克服困难呢？

这时候做出的判断，可能会让我们的人生发生翻天覆地的变化。许多时候，若想破茧成蝶，就要勇敢踏入未知的领域。

那么，我们要如何克服困难，变得更加强韧呢？

炭治郎之所以能够勇往直前，是因为有一种坚定的信念在时刻支撑着他那颗濒临破碎的心。

在《鬼灭之刃》中，炭治郎只有一个人生目标，那就是照顾和守护变成鬼的妹妹祢豆子，并想方设法让她变回人类。他的这一信念，自始至终从未改变。

其他家人都被恶鬼所害，只剩祢豆子一人幸存。背着奄奄一息的祢豆子下山看医生的炭治郎，也差点被逐渐鬼化的祢豆子袭击。

即便如此，炭治郎还是告诉自己"祢豆子是人不是鬼"，所以一次也不曾还手。感受到哥哥的疼爱后，祢豆子也不禁泪流满面。

就在这时，鬼杀队的富冈义勇出现了，以猎鬼为职责的他，要将祢豆子斩草除根。

炭治郎竭力守护着妹妹祢豆子，但义勇却对此视若无睹，坚持要杀了祢豆子。他告诉炭治郎："一旦变成鬼，就再也不可能变回人类了。"

炭治郎知道自己根本不是义勇的对手，便跪下来求他放妹妹一条生路。

见此情形，义勇严肃地对炭治郎呵斥道：

> "别让别人掌握你的生杀大权！"
> "一个连自己的命运都无法掌握的弱者，还想治好妹妹，还想报仇？可笑至极！"
>
> （摘自第1卷第1话"残酷"）

若炭治郎就此退缩或放弃，祢豆子的生命可能就会终结在这一刻。

所幸，听到义勇的训斥后，炭治郎突然清醒了过来，再次鼓足勇气面对义勇。但由于力量实在过于悬殊，炭治郎没两下就被打得几乎晕了过去。在倒下前，他奋力地将斧头抛向义勇，想要与对方同归于尽。

哥哥宁愿舍弃自己的性命也要保护妹妹的样子，和妹妹用尽全力守护着已经倒下的哥哥的样子，让义勇感受到了一种前所未见的人鬼关系。于是他决定放过祢豆子，同时也给炭治郎指了一条明路：让他拜自己的剑术师父鳞泷左近次为师。

炭治郎意识到，以自己现在的能力根本不足以保护妹妹。为了从鬼的口中得到让妹妹变回人类的方法，他决心加入斩鬼的队伍。

卖炭少年立志成为斩鬼剑士。

在看清与义勇间的实力差距后，炭治郎非常清楚地认识到，这几乎就是个不可能实现的目标。即便如此，**只要对目标的信念足够强烈，人就能勇往直前，这份强烈的执着也能提高达成目标的可能性。**

这便是所谓的"成就动机"，指的是一种不畏失败，不断挑战目标的强大动力。

即使屡屡碰壁也决不放弃，反复挑战。

如果觉得方法不对，就重新思考新的方向。

想要实现远大的目标和梦想，就绝对不能缺少这样的姿态。

持续积累，会让身心变得更加强大

即使有着明确的目标和强烈的信念，成功也绝非一日可成。**目标越是远大，就意味着前路越是漫长艰辛。**

决心成为斩鬼剑士的炭治郎当然也是如此，前路有许多严苛的试炼正等待着他。

义勇介绍的鳞泷并未立即答应收他为徒。为了检验他是否具备剑士应有的素质，鳞泷把炭治郎带到布满各式各样陷阱的山上，并要求他必须在天亮前越过重重关卡下山。

炭治郎不是被毫无征兆飞来的石头击中，就是掉入各种陷阱之中，常常是刚站起来就又摔了下去，搞得遍体鳞伤。

绝不放弃的炭治郎终于成功通过了考验，但得到鳞泷的认可并不意味着成功，相反，地狱般的严酷训练才刚刚

开始。

炭治郎每天都要不停地上山、下山，一次又一次地跌入陷阱之中。陷阱的难度与日俱增，最初的石头和木头慢慢变成了锋利的刀剑。

他被时刻不停的挥刀练习折磨到手腕几近脱臼，在与鳞泷的一对一训练中不断被打倒、弹飞，甚至还被师父威胁"要是刀断了，我就掰断你的骨头"。

自此，炭治郎每日都在恐惧、痛苦甚至死亡的威胁中度过，每每感到自己无法坚持时，心中祢豆子的身影就会成为他咬牙坚持下去的动力。

终于，他迎来了终极考验——劈开一块比自己身体还要大得多的岩石。他成功了！炭治郎终于被鳞泷批准参加被称为"最终选拔"的鬼杀队选拔考试。

想要通过最终选拔，就要在有鬼的山里生存 7 天。

前方等待炭治郎和其他鬼杀队候补生们的，是与恶鬼们赌上性命的生死之战。

刚一进山，炭治郎就被两个恶鬼袭击。不过他只慌了片刻，便调整好心态，用鳞泷传授的剑术冷静应战，干净利落地斩断了两个恶鬼的脖子。

那一刻，炭治郎眼含热泪，他在心里暗暗对自己说：

> "成功了！我成功战胜了恶鬼！我变强了……训练没有白费，我已经不再是以前的我了。"
>
> （摘自第 1 卷第 6 话"成堆的手"）

只要忍得了痛苦，受得住磨难，并持续锻炼，人就一定会成长。

身心的磨炼，除了能让人的技艺得到提升，精神力量也会得到强化。

于是，曾经遥不可及的目标，也会在不知不觉中变得近在咫尺。

在努力的过程中，我们并不会时刻意识到自己的进步，却可能因为某些契机感受到自己的成长。炭治郎在战胜了两个恶鬼后的那个瞬间所体会到的，就是这种感觉。

通过不断努力获得的成功体验，可以提升"我能行"的自我效能感。

初次拿起球棒的人，不可能马上打出全垒打。

初次接触钢琴的人，不可能马上弹出莫扎特的曲子。

初次拿起画笔的人，不可能马上画出毕加索那样的画。

再一流的高手，最初都只是个平平无奇的普通人。

无论我们多么热爱一件事，在达到一流的水平前，都不可能一直是愉快的体验，总会出现想放弃或是想逃跑的时候。

即便如此，只要通过了磨难的考验，沉下心继续努力，就一定能得到成长。与此同时，持续专注地投入一件事，有利于培养一颗坚韧的心。

如此一来，那些乍一看难如登天的事情，也会在不知不觉中变得得心应手起来。

前面炭治郎对自己说的那番话，正充分地说明了只有不断积累才能实现目标的道理。

无论是工作、社团活动，还是自己的兴趣爱好，每个人都有自己热爱并愿意拼命努力坚持下去的事情。毫无疑问，兴趣是坚持的最佳动力，但也会有人为总是看不到进步而感到苦恼，或是虽然喜欢却因畏难情绪而选择逃避。

但请不要忘记，**困难和坚忍的背后，一定是惊人的成长。即使自己没有明显的感觉，只要坚持不懈地努力，我们的身心就一定会变得更加强大。**

持续积累后出现的"破绽之线"

持续积累不仅能提高技艺、磨炼内心，更能在一次次经验中获得"敏锐的直觉"。

譬如南美洲亚马孙地区的土著居民，就有着超乎常人想象的非凡直觉。

他们身处寂静的丛林中，闭上眼睛，仔细倾听，便能准确地指出猎物所在的方向，还能通过河水的波纹和风向来预测降水……

这些直觉可不是一朝一夕就能形成的。

基于长期经验获得的这种特殊才能，便是"敏锐的直觉"。

还记得鳞泷给炭治郎的那个劈开大石头的最终考验吧？当炭治郎成功劈开石头后，他曾在心中总结了成功的原因：

> "我之所以能赢，是因为我能分辨出'破绽之线'的气息。"
>
> （摘自第 1 卷第 6 话 "成堆的手"）

"破绽之线"是炭治郎用于描述"对方的要害或弱点"的独特形容方式，指的是他能依靠自己的直觉看见那条实际上并不存在的线。在《鬼灭之刃》这部漫画中，加入鬼杀队后的炭治郎曾多次表示，自己在与各种恶鬼战斗时看到了破绽之线。

这条破绽之线，正是不断积累经验后形成的直觉，也是炭治郎特有的直觉。

在心理学领域，通常会使用"晶态智力"和"液态智力"这两个概念来说明人类的智力。类似破绽之线这种感觉，应该就属于一种晶态智力。

说不清楚缘由，但就是能得出结论。

这是基于长期经验形成的智慧，也就是俗话说的"老人言"。

晶态智力是指对从社会文化中习得的解决问题的方法进行应用的能力，通常会受到学习、经验和文化的强烈影响。

据说这种智力会随着年龄的增长而提高，且会长久地保持下去。

液态智力是指迅速建立新的认知和适应新环境的能力，包括信息处理能力、计算能力、记忆力等。据说这种智力会随着年龄的增长而衰退，因此普遍认为年轻人的液态智力较高。

漫画中的炭治郎是一个还不到二十岁的年轻人，但通过严格的锻炼，他看见破绽之线的晶态智力得到了很大提升，并成为他不断击败强大恶鬼的秘密武器。

让祢豆子变回人类是炭治郎的毕生目标，想要见到"终极 BOSS"鬼舞辻，他就必须先解决（打败）各种问题（鬼）。

破绽之线，顾名思义，就是解决问题的突破口。

在遇见义勇和鳞泷之前，他从未拥有过这种直觉。

从与破绽之线有关的一系列事件中，我们可以得出一个结论：**耐心、忍耐和努力绝不会白费。在这个过程中，我们可以获得只有成功克服过困难的人才能领悟的"特殊直觉"，以及解决问题的能力。**

晶态智力是通过大量的学习和经验积累发展而成的。晶态智力越高，就越能减少失败，处理事情也会变得更加得心应手。这会成为建立强大自我的一大秘密武器。

只要成功一次，就能产生自我效能感

不知道大家是否听过"自我效能感"这个词。

这是一个心理学术语，指的是人对自己是否能够成功达成某一成就的主观判断。在《鬼灭之刃》这部作品中，出现过多处角色在体验成功后提升了自我效能感的情节。

随着自我效能感的提高，我们会因不断成功而获得更多的喜悦和满足感，而这些也都会对我们下一步的行动，以及付出的努力产生积极的影响。在这种协同效应的驱使下，我们会变得越来越强大。

虽然成就越大，自我效能感就会越强，但也绝不能忽视每一次微小的成功体验。来自父母、老师、领导等的认可和表扬，都能提升我们的自我效能感。

以炭治郎为例，他在鳞泷门下历经了严苛的磨炼，在

已经化成亡灵的鳞泷前弟子锖兔和真菰的帮助下，成功地劈开了看似根本无法劈开的巨大岩石，这是他人生中第一次极其重要的成功体验。这一体验大幅提升了炭治郎的自我效能感。

进一步提升炭治郎自我效能感的，则是师父鳞泷的一句话。

炭治郎一脸惊讶地站在被劈成两半的岩石旁，久久不曾说话，他不敢相信自己真的做到了。一旁的鳞泷轻抚着炭治郎的头说道：

> "你做得很好，炭治郎，你是一个了不起的孩子……"
>
> （摘自第 1 卷第 6 话 "成堆的手"）

光是设身处地地想象一下这个场景，都足以让人感动到热泪盈眶。一想到鳞泷设置劈石挑战的初衷是不想让炭治郎参加最终选拔（因为之前有徒弟在此过程中丧命），便越发让人感动了。

在炭治郎的心中，鳞泷就是个严厉到几乎不近人情的师父，一位强大到自己用尽全力也不会有任何胜算的师父。所以，听到他说出如此温柔的话语时，炭治郎一定是被安心和喜悦的复杂情绪所包围着。

那情绪里有相信自己能够做到的自信，也有被自己信任和尊敬的人所夸奖时的喜悦。

这是炭治郎的自我效能感得到迅速提升的时刻，也是他作为一名剑士发生蜕变的重要转折点。

随着情节的推进，炭治郎积累了许多宝贵的成功经验，也慢慢成长为更坚强的人、更强大的剑士。

意识到自己的成功，也是提升自我效能感的一个关键。

即使成功实现了某个目标，但如果没有意识到自己已经成功，那么自我效能感也不会得到提升。

关于微小的成功体验，最为简单易懂的例子就是学校的作业了。老师布置作业并给出截止日期后，大部分学生都能在截止日期前提交。

这时，如何看待"按时写完作业"这件事，其实很重要。

A同学：既然是老师布置的作业，当然得按时完成，所以我按时提交了。

B同学：我又一次按时提交了作业，我今后也能继续准时完成。

假设这两位同学的学习能力相当，且作业的数量、种类和难度都完全相同，那么两人最初在学习成绩上一定不会有太大的差别。

但不久后，两人在学习能力上就有可能拉开差距了。

那么，哪一个会进步得更快呢？

答案是 B 同学。

因为 B 同学在完成每个任务后，都会意识到自己的成功，认为自己"做到了""能做到"，自我效能感也会因此逐步得到提升。如此一来，比起意识不到自己成功的 A 同学，自我效能感更高的 B 同学自然就会更热爱学习。

如果能在此基础上得到老师或父母的赞扬，B 同学的学习能力也许会更上一层楼。

每次打败恶鬼或得到别人的认可后，炭治郎都会意识到"做到了""能做到"，这一点非常值得我们学习。

无论多么微不足道的事情，只要我们成功完成了，就要像炭治郎一样认真地告诉自己"我做到了""我做得很好"，而不要认为"这是必然的结果"或者"这是理所当然的"。

意识到自己的成功，会让我们成长得更快。

《每一次积累，都会遇到新的挑战》

人在不断努力的过程中，会变得越来越强大。但目标越高，达成的难度自然也就越大。

炭治郎的最终目标是对战鬼舞辻，这当然不是轻轻松松就能实现的。

在寻找鬼舞辻的路上，炭治郎每次变强之后，就会遇到更大的阻碍。

一开始的对手只是普通鬼，不久后就出现了巨大的异形鬼，后来又遇上了使用"血鬼术"的具有特殊能力的异能鬼，以及可以直接从鬼舞辻那里获得血液的高级鬼。可见，前进的道路上总是布满了荆棘。

想要找到鬼舞辻，炭治郎的前方还有一段漫长的道路。

打败高级鬼后，炭治郎面对的就是由 12 名精英组成

的鬼舞辻直属的近卫部队，人称"十二鬼月"。

十二鬼月由六名上弦和六名下弦组成，这两个阶层都有六名鬼，并且按照实力进行一到六的排序。

首先出场的，是原为十二鬼月的高级鬼，接着是下弦之鬼，然后是上弦之鬼。就像是为了阻拦炭治郎成长似的，每次出现的鬼都比上一个更加强大。

一般而言，鬼被砍断脖子后就会死亡，但有些鬼即使被砍断脖子也不会死。就像角色扮演游戏一样，随着等级的提高，每次进入新区域，打败敌人就变得更加困难。

然而，炭治郎和他的伙伴们始终持续前进。即使在一番苦战后也找不到破局方法的情况下，他们也从未放弃。虽然对手越发强大，但他们总会重新振作、战胜困难。

> "以为自己变强了，其实鬼也会变得更强。战斗让我遍体鳞伤，但总会有人伸出援手，与我患难与共，我绝不能辜负他们。"
>
> （摘自第 13 卷第 113 话"赫刀"）

炭治郎在与上弦之肆（在上弦之鬼中排名第四的鬼）半天狗对战的过程中，一边这么告诉自己，一边继续向几乎无法打败的敌人发起新的攻击。

只有将无法逃避的现实视为精进自我的新课题，你的人生才不会停滞不前。正因为深知这个道理，炭治郎才会勇敢地不断挑战新的敌人。

这样的情景，其实不正是真实生活的缩影吗？

小学、初中阶段虽然也需要和他人竞争（战斗），但总体而言还是过得很自在的，就像炭治郎小时候和家人一起安稳生活的状态。

后来，我们为了参加中考而不得不拼命学习（在鳞泷门下修行），生活也随之变得忙碌起来。

进入高中后（最终选拔合格后），学业难度激增（遇到的恶鬼越来越强），就到了需要考虑下一步方向（如何对付强大的鬼）的时候。

无论是继续升学还是就业，只要进入了下一个阶段，就又会遇到新的挑战。

进入大学后，为了获得学分而不得不参加考试，为了毕业而不得不提交论文。

参加工作后，各种技能培训、学习、资格考试、晋升考试接踵而来，还得抽出时间指导新人。

进入人生新阶段后，身边的人就不再局限于父母、老

师和朋友，还会遇到各种各样的人，并且要处理好与他们之间的关系。

为了生存，为了变得强大，我们必须克服许多困难。 当然，每个人都会经历失败和挫折，有时也会感到沮丧和无力。

重要的是你如何正确地看待挫折。

一种被称为"理性情绪疗法"的心理疗法认为，烦恼和苦难的程度并不由挫折本身决定，而是取决于面对这些挫折时的态度。是将挫折视为困境还是将其视为机会，不同的心态，将在很大程度上影响我们接下来的行动。

所谓人生，自然有顶峰也有低谷。

不要对当下的挫折太过耿耿于怀，只要用积极的心态，转换看待挫折的方式，就一定能脚踏实地地不断前进。

解决完一个难题后，一定还会出现新的难题。

没有哪个难题是能轻轻松松解决的。

即使前进三步，后退两步，但只要最终前进了一步，那就是进步。

人生就是如此。**"遇到挫折时更需要正向思考"** 的炭治郎精神，可以说是建设强大内心所必不可少的一大要素。

积累有助于形成个人的独特风格

《鬼灭之刃》中的很多主要角色都是天赋异禀的剑士。无论是和炭治郎同期的伙伴们，还是被称为"柱"的鬼杀队精锐部队的成员们，除了与生俱来的优异体力、运动神经、判断力及耐力等能力，还具有刻苦努力的优秀品格。

一开始，所有人都会使用师父传授的剑术和战术来战斗（除了炭治郎的同期伙伴嘴平伊之助是罕见的自学成才）。但随着技术的精进和经验的积累，许多人都慢慢自创出新的招式，并形成了独特的风格。

基本内核不变，但会根据实际情况做出调整。

通过创新和改进，不断提升自己的能力。

所有具备独特风格的人，都做到了这两点。

炭治郎与十二鬼月的初次交手可以算是一场恶战了。

尽管炭治郎勇敢地挑战名列下弦之伍的累，但他完全找不到对方的破绽，基于鳞泷传授的"水之呼吸"呼吸法使出的所有"型"（招式）都被反弹了回来。

在命悬一线之际，炭治郎在濒死的走马灯中突然回想起已故的父亲跳着灶门家代代相传的"火之神神乐"的模样。于是，他使用父亲传授过的火之神神乐特有的呼吸法全力向累砍去。那一刻，他终于看见了苦苦寻找的累的破绽之线，形势也得以顺利逆转。

当然，使用火之神神乐的战斗方式并非鳞泷所教，而是炭治郎无意间发现的。

与炭治郎同期入队的我妻善逸在不断成长的过程中，也形成了属于自己的独特招式。

善逸平时胆小怕事，可以说是绝对的"懦夫"类型，但当他因恐惧而陷入沉睡后，就会变身为最强的雷之呼吸剑士，与觉醒前相比简直判若两人。师父教授了我妻善逸六种"雷之呼吸"，但他只学会了其中一招"壹之型"。

然而，当善逸与鬼化后的同门兄弟狯岳展开激战时，善逸居然成功施展出了狯岳闻所未闻的"柒之型·火雷神"，并成功斩断了狯岳的脖子。

临死前，狝岳误以为师父偏心善逸，所以单独传授了他这项技能，而善逸则低声答道：

> "这是我的剑型，是我自己想出来的、只属于我的剑型。"
>
> （摘自第17卷第145话"幸福的箱子"）

我们并不像炭治郎和善逸那样，拥有过人的天赋。

但是，如果能专注于一件事情，我们也一样可以创造出专属于自己的风格。

掌握诀窍。

寻找高效的方法。

根据自己的能力进行改进。

从这个角度思考，可能就容易理解了吧。

在被合称为"三道"的日本的传统艺能——茶道、花道、书道（或香道）中，以及各类武道中，存在着一种共通的思想，即"守破离"。

这一思想源自茶道千家流的创始人千利休的教导，即"规则需严守，虽有破有离，但不可忘本"。只要不忘根本，认真对待每一件事，日复一日精进技艺，就一定能在不断

积累的经验中发展出独特的个性。

这也同样适用于学习方面。

一开始，我们从父母和老师那里学习阅读和写作的方法，学习如何记笔记、如何解决问题等。随着年级的上升，学科内容和范围也不断扩大，难度自然也随之增加。这时的我们就需要思考适合自己的学习方法。

尤其是在备考阶段，一味地埋头苦读并没有太大的效果，因为人的注意力是难以持久的。所以我们要合理安排学习科目的顺序、学习环境（家里、自习室、图书馆等），以及休息时间等。

工作也是如此。从领导处学到的都是一些基础技能，若不主动思考加以改进，就很难得到晋升的机会，也很难被领导委以重任。

掌握基础后，首先要多尝试。如果失败了，就要反思失败的原因及改善方法，并再次尝试。在反复试错的过程中，会逐渐形成自己独特的风格。

想要达成目标，没有捷径可走

如前文所述，设定一个宏伟的目标、认真对待每件事情、遇到阻碍也绝不放弃、即使痛苦也要咬牙坚持等优良品格，都是打造强大内心所不可或缺的要素。

但是，**事物的发展都有其必然顺序，不可能一下子就达到顶峰**。如果挑战与自身能力不符或差距过大的事情，可能会产生巨大的挫败感，甚至因此放弃目标。**在变强的道路上，没有捷径可走**。

虽然炭治郎注重积累，有着强烈的进取心和一腔热血，但偶尔也会迷失自我。他时常因为过于急迫地想让祢豆子变回人类而鲁莽行动。

在下弦之伍死后，炭治郎因没有杀死鬼化的祢豆子还一直带着她而被指责违反队规，并被带到鬼杀队的总部。

接着，在鬼杀队的柱每半年集合一次的"柱合会议"上，炭治郎因攻击试图伤害祢豆子的风柱不死川实弥而被审判。即使对手实力远超自己，炭治郎也毫不畏惧。

紧接着，担任鬼杀队主公的产屋敷耀哉出现了。

主公已经从鳞泷和义勇那里听说了情况，所以愿意接纳祢豆子，也愿意出面说服九柱。但柱向来被灌输的都是"所有的鬼都是敌人，遇鬼杀鬼才是唯一正义"的思想，任主公磨破了嘴皮子也一样油盐不进。

相反，风柱为了让主公改变想法而不断挑衅祢豆子，试图让她忍不住回击。尽管祢豆子成功证明了自己不会袭击人类，也依旧没能说服所有的柱。

看到这种情况，主公告诉炭治郎，他们兄妹俩必须通过打败十二鬼月来证明自己作为鬼杀队队员的价值和能力。

这句话瞬间燃起了炭治郎的斗志。

> "我和祢豆子要打败鬼舞辻无惨，我和祢豆子一定会做到的！"
>
> （摘自第 6 卷第 47 话 "扭头"）

听到主公打败十二鬼月的吩咐后，斗志昂扬的炭治郎

脱口而出的居然是鬼杀队的最终目标——鬼舞辻。

这就相当于高中棒球选手将自己的挑战目标设定为美国职业棒球大联盟球员。

对于这一鲁莽的宣言，主公大人直截了当地告诫他：

> "现在的炭治郎还做不到，先打倒一个十二鬼月吧。"
>
> （摘自第 6 卷第 47 话 "扭头"）

炭治郎羞得满脸通红地说道："我知道了。"一旁的柱们则拼命忍住笑声。

用不自量力来形容这个场景真是再合适不过了。

有远大的目标自然是值得鼓励的，**但因自身能力有限而无法完成时，若对自身能力不自知（或无法把握现状），只想着一步登天，不从眼前的一个个小目标着手，就很难实现远大的目标。**

只有脚踏实地才是唯一的捷径。

人与人的羁绊会随着积累而加深

　　到目前为止，本章讨论了通过各种经验的积累，磨炼变强所需的技术、精神力量、判断力以及感受力。

　　但是，能够通过积累提高或是加深的东西远不止于此，在人际关系方面也同样适用。

　　"羁绊"在日语中是一个很棒的词，我总觉得这是个很高级的词汇。

　　我认为，能体现出人际关系深度和强度的羁绊可以分为两种。

　　一种是与家人的羁绊，另一种则是与家人以外的人之间的羁绊。

　　这两者都是十分重要的羁绊，且羁绊越深，人生就越丰富。但深化和培养它们方式则差别巨大。

> "我的家人绝对不会说这种话！！不许这么侮辱我的家人，啊啊啊！！！"
>
> （摘自第 7 卷第 59 话"侮辱"）

这是炭治郎与下弦之壹魇梦对战时说出的话。

魇梦善于使用能让对方随意入睡做梦的血鬼术。炭治郎中了血鬼术后深陷梦魇，他在梦境中看到家人对自己的训斥和侮辱，于是愤怒地吼出这句话。

说到炭治郎，就不得不提他与家人之间的爱了。可以说，他的想法和生存之道都深受这种亲情的影响。

看过原著的人都知道，灶门家一直都十分和睦幸福，家人相亲相爱，可以说是一个理想的家庭。

家人间的羁绊自出生起就已经存在，是无法凭借个人意志轻易割断的。然而，如今亲情淡薄、不愿意相互扶持的家庭越来越多。尽管如此，在人生的各个阶段，与家人的羁绊还是会一直伴随着我们。

清晨醒来时，和家人说一句"早上好"，得到家人的帮助时说一句"谢谢"。这样再寻常不过的问候和交流却被许多人视为尴尬或羞于启齿之事。请一定要抛弃这样的思想。

哪怕无法像灶门一家那么美满，但齐心协力的家庭一定会让人感到温暖和幸福。

陌生人之间一开始并不存在羁绊。只有彼此分享、深入沟通，才能逐渐产生这样的羁绊。

> "正如我姐姐所说，只要珍惜同伴，大家就会来帮忙。很多我一个人做不到的事，都是因为有了同伴的帮助才迎刃而解。"
>
> （摘自第 19 卷第 163 话 "心之决堤"）

炭治郎的同期女剑士栗花落香奈乎与伊之助合力死战，终于艰难地扭转了压倒性的劣势，打败了上弦之贰童磨。战斗结束后，栗花落香奈乎心中萦绕着对蝴蝶香奈惠和蝴蝶忍姐妹深深的羁绊。是她们将栗花落香奈乎从人贩子手中救出，所以于栗花落香奈乎而言，她们不仅是自己在剑术上的师父，更是如同姐姐一般亲近的家人。

尤其是为了打倒童磨而不惜牺牲自我的蝴蝶忍，更是让她深切地领悟到齐心协力的重要性，蝴蝶忍在香奈乎心中的分量也越来越重。

《鬼灭之刃》告诉我们，如果没有朋友之间的友情和信任，也就是所谓的羁绊，人生的道路就难免布满荆棘。

人类是群居生物，必定会和家人以外的其他人产生联系。学习和工作皆是如此，不管我们合不合群、喜不喜欢，都难免遇到必须和他人合作的情况。

当然，我们很难与所有人和谐共处，甚至是不和谐的情况居多，也就难免会出现欺凌或是背地里互相说坏话的情况。很遗憾，这种现象永远无法杜绝。

然而，一直逃避就能幸福吗？

只因人际关系不符合期望就选择离开或者辞职的人，在其他环境也会遇到同样的问题，很难在一个地方长久待下去。这种状态被称为"青鸟综合征"。

我们并非一定要和不喜欢或讨厌的人搞好关系，但在与他们相处的过程中，我们的忍耐和愤怒的极限都会逐步提升。如此一来，双方之间的关系会变得更融洽，也能看到对方更多的优点。

心理学上将这种现象称为"挫折忍耐力"的提高。

除了家人，多一个伙伴便是多一份力量。在关键时刻、陷入困境时，他们总会施以援手。

通过不断积累深化人际关系的这个过程，注定不会一帆风顺。

我们也不可能与所有人都和谐共处。

明白这一点后，就请克服恐惧心理，不怕麻烦、不怕受伤地主动出击吧。

这样的积累，会成为改变自己、改变对方的契机。

第二章

锻造一颗百折不挠之心

——炭治郎为什么能做到永不言弃?

脆弱的决心将会使你一事无成

　　正如第一章开篇所言，人一旦抱有强烈的信念，就算心中向往的是一个惊天动地的宏大目标，也照样能够勇往直前。炭治郎之所以能够在加入鬼杀队后，成为一名接连灭鬼的剑士，就是因为他心中始终有一股强烈的信念：让祢豆子重新变回人类。

　　然而，在下定决心加入杀鬼行列之前，炭治郎的觉悟还不够强烈。最先看穿这一点的是义勇。他断定炭治郎仍未完全做好心理准备，并在心中对炭治郎的命运做了如下分析：

　　"仅凭脆弱的决心，既无法保护妹妹，也无法使她变回人类，更不可能为家人报仇雪恨。"

　　　　　　　　　　　　　　　　（摘自第 1 卷第 1 话 "残酷"）

接着，仿佛故意挑衅炭治郎似的，义勇用刀刺向祢豆子的胸口。这一举动成了点燃炭治郎愤怒的火种，也把他的觉悟推上了一个新台阶。这种觉悟的进阶，单凭炭治郎一己之力是无法达成的。

即便如此，炭治郎也只是稍微变强了一点而已。很快便有第二个人出来点醒他，光靠这种程度的觉悟是不可能让祢豆子变回人类的。

没错，这个人就是鳞泷。

在义勇的引荐下，炭治郎拜访了鳞泷。第一次见面，鳞泷就猝不及防地向炭治郎抛出了一个问题：如果你的妹妹吃人的话，你会怎么办？

炭治郎一时语塞，没有马上回答。因为回应迟钝，鳞泷"啪"地甩了他一个耳光。

紧接着，鳞泷指出他犯下的错误：

> "为什么你刚才没能马上回答我的问题呢？因为你的决心不够坚定。"
>
> （摘自第 1 卷第 3 话"黎明前一定赶回来"）

这句批评相当严厉。对于炭治郎而言，就算还没有不可动摇的决心，但是对于拯救祢豆子的坚定信念，应该有绝对的自信。鳞泷的批评却从根本上否定了这一点。

紧接着，鳞泷把问题的答案告诉了一脸茫然的炭治郎。

"杀了妹妹，然后切腹自杀。"

鳞泷坦言相告，如果真的遇到这种情况，只有这两件事情可做。他说，既然带着已经鬼化的妹妹行动，就必须要有这样的觉悟。炭治郎听完这番话，才终于坚定了自己的内心。如果没有义勇和鳞泷的提点，炭治郎就无法达到那层思想境界。

这个世界上，有没有那种内心坚如磐石，生来便拥有坚定决心的人呢？有，但绝对是凤毛麟角。

绝大多数人的意志都是摇摆不定的。

"我已经下定决心了，冲！"

说这些话的人，内心往往更加脆弱。真正尝试挑战后就会发现，现实远比想象艰难得多，他们便会因此缴械投降，放弃目标。当然，对于一直生活在安宁优渥环境中的我们而言，突然被要求抱有坚定的信念，似乎有些强人所难。

"信念"一词听起来可能有些夸张，我们也可以用"认识"一词来替代。

我们自以为知道自己在做什么，实际上根本搞不清楚状况。

我们总以为很了解自己，实际上根本一无所知。

许多时候，我们在面对父母、爷爷、奶奶、老师、运动俱乐部里的教练或职场上的前辈、领导等长辈的教导时，总是觉得"啰唆死了""你根本不懂我"。然而，事情的进展往往真的印证了长辈们的担忧。

其实，比我们年长的人毕竟拥有更多的人生经验，而且往往能够察觉到一些被我们忽视的问题。

虽然长辈们的意见也不一定完全正确，但在大多数情况下，这些意见蕴含着有助于我们塑造强大内心的提示。所以，不要觉得啰唆烦人或者对此嗤之以鼻，不妨先静下心来倾听一二。

试着接受他们的意见，我们也会发现自己的不成熟，从而坚定内心，不断成长。

炭治郎就是因为虚心听取了义勇和鳞泷的建议，才能更加坚定内心的信念。若没有这份信念，想必就不会有后来那个强大的、勇敢杀鬼的炭治郎。

"为了某个人"的信念
能让人变得更加强大

接下来，我们打一个不恰当的比方。

假如灶门家除了炭治郎都惨遭鬼的杀害——包括祢豆子在内，炭治郎还能变得如此强大吗？

再重申一遍，这是一个并不恰当的比方。假如祢豆子一开始就死了，《鬼灭之刃》这个故事也就无法成立了。

但是，在此基础上想象一下，如果真的发生这种事情，我想，炭治郎就不会成为一个不断成长的鬼杀队剑士了。或许，在某种情境下炭治郎的确会燃起复仇的怒火，然而仅剩自己孑然一身的那种无力感终将阻挡他的前行之路，更不用说有朝一日走到滔天仇敌鬼舞辻面前讨回公道了。

尽管祢豆子变成了鬼，但她依然活着。

为了祢豆子，炭治郎就算拼尽全力也要找出让她变回人类的方法。

所以，他才能够勇往直前，直面、克服重重考验。

由此看来，**当一个人不再只是"为了自己"，而是抱着"为了某个人"的信念时，往往能爆发出更大的能量。**因为，**为了某个人而达成的目标，能带来更高的满足感。**

实际上，美国的一项积极心理学研究将自我选择的娱乐活动（如游玩、看电影等）和慈善活动（如帮助老年人、清洁打扫等）进行比较，结果发现娱乐活动只能给人带来一时的满足感，而慈善活动带来的满足感则更加持久。

从长远的角度看，比起从一己之乐中得到的满足感，从身边人的因己之乐中获得的满足感会更强烈。

人们总觉得自己有可爱之处，总是下意识地将自己的事情摆在最重要的位置。毕竟不可能全天候地关心别人吧。

在现代社会中更是如此，据说居住地都市化的程度越高，这种倾向就越严重。

然而，每个人都有同理心，也正因为这样，我们才能够为了他人付诸行动。

在心理学中，把关心他人、帮助他人的行为称为"助人行为"或者"亲社会行为"，而能够做到这一点的人，往往比做不到的人拥有更强大的内心。

　　说了这么多，并不是要求大家无时无刻都要秉持"为了某个人"的信念，重点在于千万不要忘记这份初心。可以是为了班上的同学，为了团队中的队友，为了我们的社会，或者为了自己的家族。如此日积月累之下，自己也会变得越来越强大。

只要善于鼓舞自己，
胸中的熊熊烈焰就不会熄灭

炭治郎和其他鬼杀队队员们经常把一些激励或约束自己的话挂在嘴边，或者在心中默念。

譬如告诉自己加油、我能行、不怕、冷静、集中注意力、别放弃、坚持住、不能输……

> "加油，炭治郎，加油啊！！迄今为止，我都做得非常好！！我炭治郎是个能干的家伙！！今天是，今后也一定是！！即使骨头断了我也绝不屈服！！"
>
> （摘自第 3 卷第 24 话 "原十二鬼月"）

这是炭治郎在与原为十二鬼月之一的响凯对决时喊出的口号。面对强大的敌人，炭治郎全力鼓舞自己。

这种自我激励的豪情不仅发生在炭治郎身上。在九柱中占有一席之地的炎柱炼狱杏寿郎也一样。在面对曾经的鬼杀队柱，同时也是刀匠师的父亲突然失去热情，就连得知自己的儿子成为柱的消息也开心不起来时，炼狱杏寿郎并未因此受到打击，而是豪情万丈地向弟弟千寿郎表明自己的意志。

"这点小事根本浇不灭我的热情！我胸中的熊熊烈火更不会因此熄灭！我绝对不会屈服！"

（摘自第7卷第55话"无限梦列车"）

鬼杀队的剑士们，就是用这样的方式不断鼓舞自己、激发信念，让自己变得越来越强大。

除了清醒时怯懦胆小的善逸，其他鬼杀队队员基本上都有着一颗积极向上的心。他们亲身体会到，只要不断鼓舞自己，心中的烈焰就不会熄灭。

大家听说过"言灵"一词吗？日本人自古以来便坚信，语言中蕴藏着神奇的力量，其根本在于"发自内心说出的话，最终将会实现"这一思维。

当然，这并不代表只要嘴上喊着"我想成为职业棒球选手""我要成为亿万富翁""我要和偶像结婚"这类口号，就能简单地坐享其成、美梦成真。

然而，**与那些什么也不说就直接放弃的人相比，先尝试说说看的人更有可能干成一番大事。这种勇于挑战的心态即便微如星火，也好过完全没有。**这种心态能帮助我们思考实现目标时应该采取的具体行动。

与此同时，把自己的目标或愿望告诉身边人后，心中就会产生一种责任感。

既然放出了大话，总不能丝毫不付诸行动吧？

要是寸步不行，也未免太难堪，太羞愧了吧？

这些情绪，也会成为我们不断变强的动力。

这种自我鼓舞的方法也被称为"自我宣言法"。当然了，写下来或在心中默念一样有效，但最好还是组织成语言说出来。因为这样言语便不再只存在于身体内部，而是经由耳朵重新进入体内，让身体内外都能获取信息。

而且，公开宣言会让他人听见，从积极的意义上形成一种背水一战的良好氛围。

既然是宣言，就不能只在心里默念，最好大声说出来。

不过请记得，这种时候千万不要说一些消极的话。想要成功，就要说一些积极向上的话。

托付和传承能带给人使命感

有时候，我们并非自我激励，而是受到他人的鼓舞和触动。

这个就托付给你了。

事情就交给你了。

拜托了。

如此郑重其事的委托，任谁都会有种"不能懈怠"之感，也无法随意敷衍了事。一旦身负所托，我们便只能全力以赴，精神自然就会紧绷起来。

一旦被委以重任，就会自然生出一种"必须完成任务，必须传承下去"的责任感和使命感。

鬼杀队的剑士们就是其中的典型代表，他们在这种使命感的驱使下采取行动，不断成长。《鬼灭之刃》中有很

多他们互相激励、互相赞美、互相信赖、互相砥砺向上的场景。

特别是炭治郎，他既是受到鼓舞的一方，也是鼓舞别人的一方。在接受他人托付的过程中，他自身不断成长，同时，在托付别人的过程中，也促使对方成长。

最令我印象深刻的"托付"场景，莫过于义勇为了引荐炭治郎给鳞泷而写的那封信。

> "请恕我省略寒暄，鳞泷左近次阁下，谨将一名立志成为鬼杀队剑士的少年派往贵处……兴许此人能有所'突破'并'继承'您的衣钵。因此，诚请您务必对其悉心栽培。此请求实属冒昧，唐突之处，乞望谅解。"
>
> （摘自第 1 卷第 3 话"黎明前一定赶回来"）

这是一封分量十足的书信，可以看出义勇那非同一般的决心与意志力。面对爱徒送来的这样一封信，鳞泷也只能认真对待。

鳞泷之所以从一开始便对炭治郎倾尽心血、悉心栽培，是因为他觉得，如果这件事没有办好，恐怕会辜负义勇的心意吧。

想要满足他人的期待像是人的一种本能，很多时候某个人的一句话或者一种态度往往能启动开关，激发我们的动力。

教育心理学中有个著名的现象叫作"皮格马利翁效应"。它指的是，和不被寄予期望的人相比，被寄予期望的人往往更容易取得佳绩。关于这方面的实例，在我们的日常生活中俯拾皆是。

研究结果表明，假设学校的老师对一部分学生抱有"有进步空间"的正面印象，对另一部分学生则抱有"很难取得进步"的负面印象，两相比较会发现，老师对学生持有的正面印象会传导给这部分学生，从而促进他们学习成绩的提高。

在现实生活中或许会有"不打不成器的人"，但那只是少数，绝大多数还是属于"鼓励成长型的人"。

为了回应他人的期待而产生前进的动力，这种现象在每个人的身上都有体现。

日本电视台的一档人气综艺节目《我家宝贝大冒险》，淋漓尽致地向我们展示了这种现象。在电视节目中，小朋友们第一次帮妈妈跑腿，他们给左邻右舍送东西，或到商店买东西；而工作人员则伪装成邻居或者店主，借助隐形

摄像头拍摄孩子们的表现。

镜头前努力完成任务的小小身影，真的是看着就让人不禁露出微笑。

就算在半路上忍不住哭泣、几乎要放弃，孩子们仍然拼命地完成妈妈交给的任务。这是因为在孩子们的心中萌生出了一种"这是为了妈妈""因为这是妈妈拜托我的事情"的使命感。

这档节目就是一份绝佳的例证，说明只要接受了他人的托付，即便弱小如幼儿也能认真以待，并从中收获成长。

只要有坚定的使命感，
迷茫与焦虑都会消失

大家是否有过类似的经历：虽然心里不愿意，却勉为其难地被委任为领导、队长或者负责人？

由于自己并无积极进取之心，自然就没有动力，更谈不上肩负使命感了。在当选的那一刻可以说内心是绝望的，重大的责任带来的焦躁感笼罩全身，有的人或许还会迁怒于他人。

然而，人是种不可思议的生物，会被所处的环境改变想法。

无论最初多么心不甘情不愿，只要持续做下去，内心深处也会慢慢滋生出一种使命感。即使内心仍残存着几分"被迫之感"，但无所适从的焦躁或空虚也会慢慢消散。在

"外在动机"的驱使下，我们的行动也会慢慢地跟上节奏。

即使不想做某件事情，在不得不做的情况下，人们会在不知不觉间产生"我只能去做""我必须去做"的自觉。如此一来，自我成就感便会日渐提升，有些人甚至会积极主动地履行自己的职责。

了解自己所处的立场、心怀使命感地去履行自身职责的人，往往更能得到周围人的肯定与好感。

只要不卑躬屈膝，言行举止光明坦荡、积极向上，别人对你的评价自然会提高。从某种意义上说，"被迫做不想做的事情"未必是坏事。

在《鬼灭之刃》的许多场景中，都能看到鬼杀队的队员们心怀使命感，勇于斩断心中的迷茫与焦躁，在杀鬼之路上勇往直前，让人们感受到正向的激励效果。

其中最典型的例子，莫过于炎柱炼狱杏寿郎和上弦之叁猗窝座对峙的场景。猗窝座邀请杏寿郎一起变成鬼，却被杏寿郎断然拒绝。于是他对杏寿郎发起猛烈攻击，在双方殊死惨斗几至绝境的情况下，杏寿郎放出豪言：

"我一定会完成属于我的任务！！我不会让这里的任何一个人死去！！"

(摘自第8卷第64话"上弦之力·柱之力")

　　杏寿郎在自己已经被逼入濒死绝境之时，仍然展现出了一种毅然决然的大无畏态度。正是因为杏寿郎深切理解并深刻认同自己作为柱的立场，并且心怀那份难以撼动的使命感，才能在临危之际喊出如此令人动容的宣言。

　　使命感，毫无疑问是一剂能够让人变强的神奇良药。

山穷水尽、心生迷雾之际，
总有一个声音指引你

很多时候，父母、好友、前辈、上司等人说过的话，能让我们在遭遇挫折、心灰意冷之时获得走出困顿泥潭的动力。

不仅是熟人的话，那些名人名言、电视或电影的台词、小说或随笔的段落、流行歌的歌词，都有着同样的效果，漫画当然也不例外。留存在心里的话语总会在不经意间涌上脑海，帮助我们解决问题、指明方向，推动我们砥砺前行。

这些话语多半和我们在意的事情相结合，不自觉地刻在我们的脑海里。重要的是，我们要多接触各种各样的人，经历各种各样的事。随着和越来越多的人建立联系，对越来越多的事情展现兴趣，这些话语会不知不觉地积累在我们的脑海中。

当我们陷入山穷水尽的绝境，或是心生迷雾难辨方向时，这些话语便会自然而然地浮现，帮助我们走出困境，渡过难关。

善逸在和能喷射毒液让人变成蜘蛛的蜘蛛鬼对决时，因为好几次都反复使用同一招式御敌，很快便被对方识破他只会那一招技能。

在这千钧一发之际，他脑海中浮现出自己的恩师，也是被他当作爷爷一般尊敬的桑岛慈悟郎对自己说过的话。

> "没关系，善逸。这样就行了，只要学会一种招式就是万幸了。如果你只会一种，就必须将它练到炉火纯青，练到极致中的极致。"
>
> （摘自第 4 卷第 33 话"背负苦痛，挣扎前行"）

蜘蛛鬼注入的毒素慢慢地扩散到了全身，无边的痛苦向善逸袭来，他手脚麻木，全身疼痛，双目晕眩，恶心呕吐。然而，尽管身陷绝境，他仍然坚信爷爷对他说过的话，一遍又一遍地施展出经过千锤百炼的绝招"雷之呼吸·壹之型：霹雳一闪·六连"，最终成功斩杀了蜘蛛鬼。

炭治郎在和义勇联手与杏寿郎的死敌猗窝座激战时，也突然想起了已故的父亲的遗言。当时，父亲对着尚且年幼的炭治郎说起了关于火之神神乐的奥义。

> "关键在于正确的呼吸和动作，必须用最小限度的动作输出最大限度的力量。"
>
> （摘自第 17 卷第 151 话 "铃声阵阵的雪夜"）

面对在力量上具有压倒性优势的猗窝座，炭治郎即便和义勇联手，也仍然只能勉力苦战。就是在这种危急关头，父亲的话语让炭治郎冷静了下来，并寻找击败猗窝座的突破口。

接着，炭治郎发现了对方的破绽，终于一举击败了猗窝座（准确地说，应该是通过唤醒猗窝座人类时期的记忆，刺激他发现自己的错误，从而自行了断）。

无论是善逸还是炭治郎，都与自己的爷爷或者父亲有着坚不可摧的羁绊，所以才能在极端危急的情况下听到他们对自己的谆谆教诲。

不管是瞬间的灵光闪现，还是在需要的时候能够回忆起必要的信息，这都是一种能力。只有与许多人深入接触、对形形色色的事物抱有兴趣，这种能力才会得以精进。

　　一个人积累的信息越丰富，就越能和这些信息建立起千丝万缕的联系，一旦到了紧要关头，它们便会成为解救自己于危难的天外梵音。

　　若一个人一味地封闭自我，对不感兴趣的东西漠不关心，就很难在危急关头挽狂澜于既倒，扶大厦之将倾。还请务必铭记这一点。

第三章

让强者不断变强的习惯

——炭治郎不断变强的理由

坦率地面对眼前的难题

炭治郎初遇义勇时还是一个非常柔弱的少年，甚至只要祢豆子一被抓住，他就会流着眼泪给对方下跪。

然而，经过鳞泷的训练，炭治郎不仅顺利通过了鬼杀队的最终选拔，而且在与各种各样的鬼多次战斗的过程中，其战力也在不知不觉间强大到了和上弦之鬼势均力敌的程度。

炭治郎为何能够变得如此强大呢？

我认为，他身上那种甚至称得上是过于老实的坦率和憨直，正是其中一个主要原因。

坦率地倾听他人的意见。

坦率地勇往直前。

坦率地承认对手的强大。

毫无疑问，这种为人处世的态度，成了推动炭治郎不断变强的源泉。炭治郎的坦率熠熠发光，令人不由得打心底里羡慕。

鳞泷给炭治郎安排的特训，简直就是连番的魔鬼式折磨。滚石、圆木、刀枪剑戟接踵而至，甚至还给他布置了陷阱，可以说已经到了无所不用其极的地步。然而，就算被反复摔倒、被摔打、被威吓、被怒斥，炭治郎都毫无怨言，而是谨遵教导，奋力投身到残酷的训练中去。

当然，对方是自己的恩师，那么于情于理都应该这么做才是。此言固然不差，但炭治郎的可贵之处就在于，他对所有人的意见都能够做到坦率倾听。

有一个场景令我印象深刻。那是炭治郎在柱合会议上首次与主公和柱见面，围绕能否让祢豆子活下去的问题发生一番争执之后的事情。当时，炭治郎、善逸和伊之助三人因为在与下弦之伍累的战斗中身负重伤，暂时住在虫柱蝴蝶忍的家中疗养生息。

体能才刚恢复，他们便开始进行一项名为身体机能恢复训练的康复课程。康复训练的内容无论对身体还是精神都是巨大的消耗，炭治郎因此总是垮着脸离开训练场，每

鬼灭之刃心理学 锻造强大内心的 38 个法则

天都是如此。

在蝶屋帮忙的三个女孩（高田菜穗、寺内清、中原澄）看着炭治郎正为自己陷入瓶颈发愁的样子，便立即建议他试试九柱都会的呼吸法。

听到她们的建议后，炭治郎的回答非常坦率：

> "这样啊……！！太感谢了，我这就试试！！"
> （摘自第6卷第49话"身体机能恢复训练·前篇"）

没错，这就是炭治郎的人生态度。

就算对方是比自己小很多，跟小学生年纪差不多的小女孩，并且还不是鬼杀队成员，炭治郎也能坦率地接受她们的意见，这就是炭治郎能够不断变强的原动力。

最近，我在和学生接触的过程中发现，他们身上缺少的正是这种坦率。每当遇到难题，他们总会在尝试采取行动前，就已经预设好了结局或者可能性，而不是踏踏实实地采取行动。

我不禁在心中默念道："你们学学炭治郎吧！"

比如在找工作时，尽管毫无工作经验，也从来没有在该公司工作过，他们也依然会先入为主、片面地妄下定论，

觉得这里不好，那里不好，这份工作辛苦，那份工作难做。

还有另一种极端的现象：一些学生成功地进入自己心仪的公司，觉得一切条件都满足自己的期望，然而还没有胜任这份工作就开始后悔，觉得"和自己预想的不一样"或者"这份工作完全不适合自己"。这样的案例不胜枚举。

为什么事情还没做，他们就自我设限呢？真是太匪夷所思了。

成见或者偏见太深，就无法坦率地处理事情，十有八九都会失败。因此，凡事不妨先试试看，等到真正发现行不通时再来抱怨也不迟。

反之，敢于坦率地采取行动的人，取得的结果反倒可能没有预想的那么糟。比如，觉得这份工作比想象中的更有意思，逐渐觉得它还挺适合自己，抑或看到了其中的价值，等等。

一件事到底有没有意思、是好是歹、适不适合自己，都要尝试过之后才会知道。如果不尝试，那就无法做出判断。

别在尝试之前就嗤之以鼻，任何事情都一样。

我们可以将所有待解决的问题视作全新的体验。无论是运动、旅行，还是料理，都是同样的道理。

原本以为自己不擅长运动，但后来尝试打棒球后，水平日渐提升，最终成了一名专业选手。

原本以为自己对历史兴趣寥寥，旅行时选的都是度假胜地，后来和家人去了一趟京都后，就被那古香古色的街道和寺庙所折服，为之惊叹。

原本以为自己讨厌下厨，却因为学会咖喱的烧制方法后对香料调配产生兴趣，最终迷上了料理。

这样的例子俯拾皆是。很多事情只要敢于挑战，就可能意外地发掘出那些连我们自己也不曾知晓的能力或禀赋。

面对眼前的课题，先不要论好恶，而是勇于尝试。

只要感兴趣，就不要瞻前顾后，应该积极尝试。

请切记，坦率地采取行动，就是在锻造一个强大的自己。

不要指望别人会手把手教你

仅靠天赋和本能是无法生存的。

在孩提时代，父母、老师会事无巨细地教我们一些基本生活技能，比如如何如厕、如何穿衣、如何辨忠奸分善恶、如何打招呼、如何做个有礼貌的人，以及识文断字之法、谨守钱财之道等等。

在学生时代，我们从老师那里学会了知识，也打下了学习、运动以及文化活动的坚实基础。步入社会后，我们又从上司或者前辈身上学会了工作的方法。**不管在哪里，都有需要学习的东西。古话说得好，"活到老，学到老"，事实的确如此。**

学会坦率地倾听这些教诲，是每个人成长道路上必修的第一课。炭治郎之所以能够越变越强，就是因为他能够坦率地遵从鳞泷的教导。

但这并不意味着我们可以从别人那里学到一切东西。因为谁也不可能一辈子永远依赖别人而活下去。需要我们独当一面的那一刻终将到来。

而炭治郎的那一刻，来得很突然。在他于鳞泷门下经受了一整年严格的训练后，鳞泷对他说：

> "我已经没什么可以教你的了……接下来，能不能把我教给你的东西升华，就要看你自己的造化了。"
>
> （摘自第 1 卷第 4 话 "炭治郎日记·前篇"）

说完这句话后，鳞泷果真再也没有向炭治郎传授过任何东西了。

而且，他还给炭治郎留下了一项难度极高的终极试炼：劈开比炭治郎身体还要高大的岩石。

为此，炭治郎只能通过自己的独立思考，找到劈开岩石的方法。无论是锖兔还是真菰，都不可能教他具体应该怎么做。于是，炭治郎就只能不断施展鳞泷传授的本领，拼命拿刀猛砍。炭治郎屡战屡败但屡败屡战，尽管几乎要放弃，但他仍然不断给自己加油鼓劲，持续挑战。

终于，在鳞泷说完那句话的一年后，炭治郎成功地劈开了岩石。

每个人都要经历在他人的教导下不断成长的过程，但总有某个时刻、在某个地方，需要自己进行独立思考。到那个时候，谁也无法教你该怎么做，你只能自己找到答案。这是任何人都必须经历的事情。

然而，环顾四周，不难发现，如今许多年轻人都天真地认为，总会有人教自己该怎么做。他们认为"别人教我是理所当然的"，一旦遭遇失败就倒打一耙，怪罪别人"没有好好教我，所以我才会失败"。

不论什么事情，在打基础的阶段当然应该依靠别人的教导。但我们常说"师父领进门，修行在个人"，基础打牢后，具体的实际运用就得靠自己摸索了。若一个人没有这份思想自觉，就很难成长，并且一旦遇到"无人可靠"的局面，必将一事无成。

比如，万一不得不自己一人背井离乡远赴海外生活，该如何生存下去呢？

就算想请教当地人，但若去的是语言不通的国家，可能就连基本的交流都成问题了。这种情况下，即便对方有心教你也无能为力。那些觉得别人理所应当帮自己、教自己的人，恐怕只会把自己逼入走投无路的绝境。

不过，那些能够独立思考并付诸行动的人就不一样了。他们会想尽办法用蹩脚的外语努力向对方表达自己的意思，或者通过绘画、手势，以及观察对方的表情和肢体语言，来读取对方想要传达的信息。

这两者之间可谓是云泥之别。在工匠的世界里，师父常要求徒弟在旁边看，甚至让他把技艺偷走。**若师父不让徒弟养成自己思考的习惯，徒弟就掌握不了真正的本领和知识。**

有些人一遇到不懂的问题就立刻求助于网络，他们非常依赖诸如总结性攻略或维基百科等网站。

虽然是为了方便而使用网络查询，但是这种态度本身却让我觉得不甚妥当。有些学生甚至把从网络上获得的信息当作自己的亲身经历，直接写到学业报告中，真是令人伤脑筋。一旦在网上查询不到相关资讯，他们便索性放弃，不再探索。每当看到这种沉浸其中却不知其害的学生，我都对他们的未来充满了担忧。

当然，网上的资料并不都是洪水猛兽。我自己也常在

日常生活中使用网络。

问题的关键在于不要过度依赖网络，否则，它会扼杀你的思考能力。网络搜索只是第一步，接下来要做的，是对能用和不能用的信息进行去伪存真的筛选，并决定如何有效地使用这些信息。

更何况，互联网告诉我们的未必就是正确答案。不，甚至应该预设它不可能告诉我们最佳答案。

如果自己不思考，则永远无法得到真正的答案。

鬼灭之刃心理学 锻造强大内心的 38 个法则

把独立思考内化为一种习惯

有意识地独立思考问题，久而久之就会养成一种习惯。**不是等到遇见难题或者碰壁之后才思考，而是养成在处理问题之前、事情发生之前就思考的良好习惯**，这一点非常重要。

"不懂就问，别不好意思"的原则只适用于孩提时代。长大成人后，"遇到不懂的问题，首先应该自己调查、思考，如果仍然解决不了，再求助于人"才是常情。当然，压根不调查、不思考，把问题完全丢给别人则另当别论。

在投入鳞泷门下开始修行前，炭治郎也并没有养成思考的习惯。

炭治郎在前往狭雾山找鳞泷的途中，很不幸遇见了正在山中佛堂吃人的鬼。

虽然对方只是一个不入流的小鬼，但那时的炭治郎还未开始修行，因此仍免不了一番苦战。最后靠着鬼化后拥有异于常人力量的祢豆子协助，以及自己天生的铁头功，才得以踢飞鬼的头，并最终用斧头把它钉在了树上。

鬼已经是砧板上的鱼肉，只差最后一击。然而，即便是面对吃人的恶鬼，炭治郎也硬不起心肠，小刀在手却犹豫不决。此时，现身的鳞泷告诉炭治郎，这把刀是杀不死恶鬼的。炭治郎反问鳞泷，该怎么杀死恶鬼。

面对未经自己思考而脱口询问的炭治郎，失望的鳞泷对他一顿痛批：

> "不要问别人！自己不会用脑子想吗？"
> （摘自第1卷第3话"黎明前一定赶回来"）

鳞泷说得一点没错。

对于还没有养成独立思考习惯的炭治郎而言，这绝对算得上令他醍醐灌顶的一次经历。然而，炭治郎在积累了无数经验后，最终实现了脱胎换骨般的成长。下面这个场景正是他蜕变的缩影。

> "想啊！！快好好想啊！！给敌人致命一击的方法。让对方无法复原的攻击方法。"
>
> （摘自第 13 卷第 112 话"战局改变"）

上弦之肆半天狗有四个分身，在和他打斗的过程中，炭治郎找不到破敌之术，这是他在对方的凌厉攻击下被打得只有招架之功，毫无还手之力时内心的呼喊。

这种时候，无论问谁都得不到答案。既然如此，唯有靠自己思考了。

正是因为独立思考的观念已经深深地刻入炭治郎的脑海，所以他才能在心中发出这样的呼喊。不断成长并因此变得强大的人，就会采取这样的人生态度，这也是我希望大家都能学习的优秀品质。

何谓思考一：分析现状

　　有些人被要求思考时，可能对到底该思考什么、如何思考没有任何概念。实际上，思考这件事情是有章可循、有法可依的，或者说是有诀窍的。接下来就为大家介绍思考的顺序。

　　第一步是分析现状。

　　目前面临的问题是什么？

　　自己想做什么？

　　现在处于什么样的状况？

　　大家可以在脑海中将这些问题具象化，或者把它们写下来。如此一来，我们就有了思考所需的素材，这有助于我们轻松地梳理出解决当下问题的方法。

　　比如，假设你到一个完全陌生的城市旅行时和朋友走散了，手机又正好没电。如果像无头苍蝇一样到处乱转，不仅不知道能否找到同行的朋友，也不知道能不能回得去。而且这样乱转一气，反而更有可能遇不上朋友。这时候你应该做的，就是冷静下来分析现状。

现在自己所处的地方离火车站有多远？是熙熙攘攘的热闹街道还是人迹稀少的冷清街道？原计划几点返回？同行的朋友是那种会到处寻找自己的性格，还是会一直待在原地等待的性格？……思考的材料越丰富，我们就越有机会找出最佳的解决方案。

炭治郎加入鬼杀队后的第一次战斗，就严格按照这种方法行动。当时，炭治郎首次接到任务，他要前往西北小镇与抓人的鬼对战。

炭治郎并没有莽撞地和鬼胡乱厮杀，而是条分缕析地分析现状后才采取行动。他凭借过人的嗅觉接近鬼所在的位置，再根据现场有两种气味，确定现场不仅有鬼，还有一个女人，最后准确地向鬼刺去。

由于没能一击便将鬼打败，炭治郎于是分析了没能成功的原因，并且在仔细确认必须保护的同伴的位置后，才发动下一轮的攻击。虽然借助了祢豆子的力量，但是能够

在首战中便一举击败三只鬼，还是得归功于炭治郎对自身状况的冷静分析。

首战便能取得如此战绩，炭治郎担得起一个"了不起"。

何谓思考二：
看清自身的经验和技能

通过分析现状，想到了解决问题的办法之后，下一步就是要思考如何立足实际将其付诸行动。

此时我们应思考，自己过往的经验和技能是否有助于解决这一问题。

实际上，就是**对自己的技能和经验进行一次梳理检查**。

比如，解决这个问题需要花费 100 万日元，或者必须得会说英语，等等。如果经过分析列出这些条件后，发现自己手头现金不足，或者完全不会说外语，那么就无法付诸行动。此时就需要换个思路，重新思考解决对策了。

反之，如果我们手上有 100 万日元，或者能够讲一口流利的英语，那就毫不犹豫地勇往直前吧。

这里想提醒大家注意一点，**并非因为对某件事感兴趣或者有自信，就一定能够拥有解决问题的能力。**

很多时候就算再喜欢、再有自信，也会出现能力不匹配、力量有限的情况，这样的例子屡见不鲜。如果对此视而不见，那么解决问题就无异于一句空话。

人类的能力是一种很神奇的东西。**有些事情你并不喜欢，甚至是讨厌得唯恐避之不及，可就偏偏刚好适合你，简直就像是为你量身定做的一般。**

实际上，我自己就曾经因为兴趣爱好与能力匹配之间的鸿沟而饱受折磨。我年轻的时候曾在一家公司就职，他们仅仅因为我小时候学过珠算，就让我当了公司的会计。

小时候学珠算只不过是机缘巧合，实际上我对数字和琐碎的东西深恶痛绝，但因为这是工作，别无他法，只好拼命埋头处理会计业务，一边盼着早日解脱，一边又郁闷地想：公司为什么非得让我干这种我很讨厌的工作？

但上司好像完全无视我无比郁闷的心情，居然对我赞许有加。这是因为，和我十分"厌恶"这份工作的心理恰恰相反，我的工作表现居然十分优秀。

所谓百感交集，指的就是这种状态。在辞去这份工作

之前，我都一丝不苟地做着部门的会计工作。

由此我觉得，就算是为了弄明白自己的兴趣爱好和能力匹配度是否一致，也应当积极主动地查验一下自己的技术和能力。这样我们才能够重新认识自己的优劣势领域，并在此基础上确立新的奋斗目标，看清自己该发挥哪方面的特长，或锻造哪方面的能力。

对于工作而言，在发现喜欢的工作并非自己所擅长时，这就是一个修正人生轨道的好机会；而在发现讨厌的工作却是自己擅长的领域时，就要坦然接纳事实，减少内心的压力。

> "快好好想想自己到底能做到什么程度！现在我能做的事是……把呼吸混合起来，把水之呼吸和火之神神乐结合起来。这样一来，比起水之呼吸攻击力会更强，比起火之神神乐会更加持久。"
>
> （摘自第 11 卷第 90 话"多谢你了"）

看了这段心理描写，想必无须介绍故事的前因后果和人物状况，我们也能看出，炭治郎能够灵活运用过去的经验，并准确地认清自己掌握的能力。书中这类描写炭治郎内心独白的场景还有很多。

不断地深入思考，可以让人变得更强大。

何谓思考三：
为了打破现状而努力创新

思考的最后一步，就是努力创新。即使想到了解决之策，如果没有相应的能力，也一样解决不了问题。目标越大，越容易出现这种脱节的情况。

这时候，能否根据自身特点开动脑筋尝试发挥创意，就成为一个人能否变强的分岔点。

有些时候，只有发挥独特的创意才能突破现状。很多人即便才能出众，如果不进行创新性思考也一样成不了大事。

比如，一些业余歌手或者舞者"照抄"专业歌手或者舞者的作品，并将其上传到 YouTube 或者 Niconico 动画网站上。这种行为就属于没有进行创新性思考。

当然，这并不是说模仿一流人物或者成功人士的行为本身有什么不对，实际上我们可以在模仿的过程中学到很多东西。从另一个角度看，能够完美地重现就是拥有才能的佐证，能做到这一点就已经非常了不起了。

然而，完美重现归根结底还是模仿。如果只是一味地模仿，就永远也不可能超越原创。

能够从众多模仿者中脱颖而出的人，为了让更多人听见或看见自己的作品，或者为了吸引世人的关注，会在模仿的基础上加入自己的元素，倾注自己的心血和努力。模仿过后，他们便开始积极思考下一步该怎么做。

炭治郎的经历也说明了同样的道理，每当行到水穷处时，就应当努力通过创新来打破僵局。

在和下弦之伍累率领的蜘蛛鬼众对决时，有的鬼杀队剑士被鬼操控，变成杀害自己同胞的傀儡，于是炭治郎把他们抛向空中、吊在树枝上，从而截断了鬼的操控。

在被下弦之壹魇梦用血鬼术催眠进入梦境后，炭治郎在梦中拼命思考破解血鬼术让自己醒来的方法，最终得出了"在梦中死去就会在现实世界中苏醒"的结论，于是通过在梦中自刎的方式成功苏醒。

当炭治郎被上弦之陆妓夫太郎逼至绝境时，他的手指被折断，对方还不断辱骂他是懦夫和窝囊废。炭治郎一边故意任由对方耻笑谩骂、任由对方发动攻击，让对手放松警惕，一边在电光火石间找准机会，用带毒的苦无和头槌反击，最终实现了惊天大逆转，顺利砍下了对方的脑袋。

　　不管面对什么状况，就算是陷入了九死一生的危急关头，我们都要毫不气馁地打开思维，寻找突破口。如此一来，眼前定会豁然开朗，自己也会变得越来越强大。

　　在这一点上，炭治郎就是一个很好的榜样。

千锤百炼，直到极限

炭治郎所在的鬼杀队，是由百里挑一的剑士组成的精英部队。其中柱又是这群精英部队中独特的存在，他们在各方面都拥有出类拔萃的力量。

无论在体力、耐力、应变能力、应用能力，还是胆识、魄力等身心诸方面，柱都具有超人的顶级水准。炭治郎与和他同期的伙伴们，也随着不断历练与成长，锻炼出不逊于柱的战斗力。

这样的成长除了与生俱来的才能和悟性，更少不了超乎常人的艰辛努力，这也是他们能够获得压倒性力量的原因所在。他们身上都有一个共通的特点，那就是在淬炼自我这件事情上从不打折，毫不妥协。

> "只能拼命地练习。除此之外，我想不出还能做什么。"
>
> （摘自第 1 卷第 5 话"炭治郎日记·后篇"）

这是炭治郎在劈开巨石的修炼中，作为亡灵现身的真菰开导他该如何让自己变强大时所说的话。

面容娇俏可爱的真菰，居然直言正色地说出了这番严肃的话。我觉得，这句话归根结底所要表达的意思就是，既然要加入鬼杀队，做到这种程度就是理所应当的。

为了让自己变得更加强大，炭治郎进行了包括身体机能恢复训练在内的各种特训，将训练的强度推至自己身体所能承受的极限。

比如，他为了取回断裂的刀子而来到了锻刀村，在那里碰到了拥有六只手臂，以剑士形象出现的机关人偶"缘壹零式"，于是他将人偶视为战斗对象，展开了高强度的训练。

至于柱以外的鬼杀队队员，也在"柱训练"联合强化训练中，逐一接受了柱们严格的考验。

不断将自己逼到极限，就能踏踏实实地积攒实力。或

鬼灭之刃心理学 锻造强大内心的 38 个法则

许炭治郎心里早就明白，如果自己付出的努力没有达到让人觉得"有必要这样吗"的地步，那么要想打倒鬼舞辻就无异于白日做梦。

在现代社会，人们总是把"做过头"视为严重的问题。比如，如果哪所体育强校的运动部教练对学生指导过于严苛，就会立刻引发激烈的新闻舆论。因长时间加班成为社会问题而引发的劳动改革，也是类似的表现之一。

基于这一社会背景，我也的确不敢提议"大家都来像炭治郎一样往死里锤炼自己"，因为这么做显然是在冒天下之大不韪。

站在现实的角度，我们也确实做不到像炭治郎那样严格训练自己。要是真做到那个程度，真的会出人命。

不过，我觉得，若是条件成熟，还是可以挑战一下自己的极限，将一件事情做到极致。

以那些专业的运动选手为例，正是因为他们在训练过程中反复挑战自己的极限，才能成为"山登绝顶我为峰"的优秀存在。他们将自己的技能提升到无须思考，身体就能自然反应的水平，因此才能成为专业运动员。凡是人们公认的水平一流的人，大都经历过这个过程。

当然，在学术研究中也是一样的。那些获得诺贝尔奖的科学家或者研究学者，无一不是在付出了常人难以想象的艰苦努力后，方才获得震惊世界的发现，并将自己推上那举世交赞的中心舞台。

要想做出一番名垂青史的突出成就，就算达不到与炭治郎比肩齐平的程度，也必须千锤百炼，直至极限。

如果环境允许，而且**遇上的恰好又是自己爱不释手的事情，那么能够心无旁骛地全身心投入，想必也是一种美妙的体验。**面对自己感兴趣的事情，我们对自己会有更高的要求。在心生厌烦之前，在觉得没有必要再浪费时间之前，我们大可全身心投入其中。

生活中，有些人特别喜欢玩游戏，甚至喜欢到了废寝忘食的地步，并在游戏领域掌握了他人难以匹敌的技术和知识，最终成了专业电竞选手。有人甚至因此入职游戏公司，或者撰写游戏攻略，等等。

那些习惯半途而废的人并不适合这个建议，但如果你是一个认真的人，那就另当别论了。"做过头"确实是一个可以让自己变强的好方法。

一次亲身体验，
胜过五年纸上谈兵

无论我们在脑海里如何描绘成功的场景，在付诸实践时也会有铩羽而归、无功而返的时候。有些事情，只有亲身经历尝试，才能真正地有所认识。

比起纸上谈兵，身体力行不仅能提升效率，还能更快寻得良策。**与其在行动前瞻前顾后、思虑过甚，还不如即刻付诸行动，这样能带来更大的益处。**

体育竞技界有一句至理名言："没有比实战更好的练习。"对于运动选手而言，一次真实赛场上的洗礼所带来的经验和感受，具有难以估量的价值。

《鬼灭之刃》中的炭治郎，也正是听了前辈剑士们在这方面的谆谆教诲，一步一步成长起来的。鳞泷命令他去劈

断岩石，正当他因为怎么都劈不开焦急得哇哇大叫时，突然现身的销兔对他说道：

> "从鳞泷老师那里学到的呼吸法'全集中呼吸'……你只是记住了这项知识而已，你的身体还什么都不懂。"
>
> （摘自第1卷第5话"炭治郎日记·后篇"）

销兔是在告诉炭治郎，无论多么高端的技能，如果只是把它死记硬背地塞进脑海而不加以实践运用，也一样毫无价值。

此外，当炭治郎来到锻刀村短暂休息时，他正为目前为止丝毫感觉不到自己的成长而心烦意乱。这时，恋柱甘露寺蜜璃鼓励他道：

> "你在和上弦鬼的战斗中活了下来，这可是相当了不起的经历哦。在实战中的亲身体验具有无与伦比的价值，它足以抵得上你五年，乃至十年的修行。"
>
> （摘自第12卷第101话"悄悄话"）

销兔斥责炭治郎什么也不会、什么也不懂，而蜜璃则是称赞炭治郎做得很棒、很了不起。虽然他们的话看似天差地别，但他们想告诉炭治郎的事情，本质上完全一致。

知识不如经验。

练习不如实战。

他们是在告诉炭治郎，这个道理究竟有多么重要。

我们或许可以这样理解，初识错兔时，炭治郎还是个懵懂无知的小子，但他开始和蜜璃深交的时候，却已经是个可以独当一面的少年了。

这与"善用机缘论"（Planned Happenstance Theory）有共通之处。这个理论的英文直译过来就是"计划性巧合理论"。这是职业生涯理论的一种代表性观点，就是说一个人职业生涯中的八成，都是由无法预料的事件和偶然的机缘际会所决定的。

基于这种观点，我们不能只是坐等偶然发生，而是要通过我们自身的行动，将偶然转化为必然。这或许也可以理解为"起而行之者必有所得，坐而论道者一无所获"。

听起来似乎越来越晦涩难懂了，但如果用更加通俗易懂的话总结，就是**"不要畏首畏尾，无论如何先做了再说""行动自有其价值""首先要试着迈出第一步"**。

如此一来，行动将成为打破自身藩篱的契机，成就更强大的自己。

很多时候，起而行之必定能为你的人生加分——这一点毋庸置疑。

这句话，不管是放在学习、运动还是生意场上，甚至在人际交往等场合统统都适用。

与其过度思虑、畏首畏尾，还不如果断行动。这一点，请大家务必了然和重视。

大方承认别人的优点

"你真厉害!"

"我比你可差远了呀!"

如果有人这么夸你,大家心里会是什么感受呢?

内心肯定在窃喜吧?没有人会在受到夸赞后内心毫无波澜吧?

虽然当着对方的面会不好意思或者谦逊地回答"没有啦""没你说的那么夸张啦"之类推辞的话,但只剩自己一人时,会高兴得恨不得蹦起来。相信很多人都有这种经历。

坦率地称赞或者认可他人的行为,在人际交往中非常重要,因为这样的互动能够提升彼此的信任感,为双方构建良好的关系打下坚实的基础。

既然对方这么做会让自己感到开心,自己最好也投桃

报李。在日常生活中，一旦发现对方身上拥有令人佩服的地方，就不妨坦率地夸赞一句"真厉害"。这种认可不仅能够提升对方的自我效能感，自己也会因此感到愉悦。

同时，这也是一次自我分析的好机会。

通过了解对方的长处，可以看到自身的差异和短板，从而触发自己思考"我该如何改进"。找出别人的优点，并将其作为自己的目标，也能促进自身的成长。

可以说，认可他人不仅是一件利人利己的双赢之举，也是一桩有百利而无一害的美事。

鬼杀队就是这么一个通过相互认可来不断提升团队整体实力的理想组织。

性格坦率的炭治郎自不用说，他是一个只要觉得对方厉害就会马上说出口的直性子。就连唯我独尊的伊之助也是一个胸襟如海的人，总是不加遮掩地认可他人。

"我决不能输！我也要变得更强！！"
（摘自第 12 卷第 104 话 "毒舌小铁"）

时透无一郎无论年龄和个子都比炭治郎小，却已经成为霞柱。上面这句台词是炭治郎第一次见识到无一郎的强大时，在心中暗暗发的誓。

这不是酸溜溜的嫉妒心理，而是出于对时透无一郎坦诚的佩服和认可，油然而生的真情实感。

至于伊之助，最令我印象深刻的一幕，是当他与下弦之伍累率领的虚拟家族战斗时，被担任父亲角色的怪力鬼抓获，脖子几乎被扭断。

就在伊之助行将断气，已经出现了弥留之际的走马灯时，义勇英姿飒爽地从天而降，瞬间便将怪力鬼斩杀得四分五裂。这是伊之助第一次见识到柱级剑士那碾压级的实力。受到极大冲击的伊之助，在内心兴奋地直喊：

"太、太、太厉害了！！这家伙是谁啊？啊啊啊，我太激动了！！"

（摘自第5卷第37话"折断的刀身"）

看到战斗力完全碾压自己的义勇，伊之助并非完全失去自信，也并非单纯的崇拜，而是在坚定地认可后激动不已。虽然伊之助是天然的自信派，但也能坦率地表达情感，这正是他的过人之处，也是支撑他强大力量的源泉。

这里要特别注意的一点是，同样是说一句"好厉害"，

如果只是出于恭维的应酬话或只是随口一夸，那么无论是对听话者还是说话者而言，都起不到任何正向的激励作用。重要的是先出于真心的认可，再有感而发"真厉害"。

若是一个人想不出来，
那就集思广益

俗语说，"三个臭皮匠，顶个诸葛亮"，一个人解决不了的问题，通过群策群力或许就可迎刃而解。

一个人知识再丰富，头脑再清楚，也有想不出来、答不上来的时候，这时候如果有其他人在场，便可为其提供助力或支持。

这一点在团体竞技类的体育运动中尤为显著，即使团队中的每个成员都十分优秀，甚至其中还有一名王牌队员，但若没有良好的团队协作，这样的队伍也仍旧胜利无望。

就像将"团队协作"奉为圭臬的日本橄榄球代表队一样，团队的凝聚力能够反映其战斗力，并最终决定成败。

无论是政界还是商界皆是如此。一个优秀的员工即使

可以凭借一己之力解决所有问题，但从整个组织的成果层面来看，却可能出乎意料地不尽如人意。**大家群策群力、紧密协作，这样反而更有可能成就大业。**

一个人的能力毕竟有限。

不要逞强，积极借助他人的力量也很重要。

组织团队并非单纯的加法，也可能是乘法。

请大家一定要养成这样的思维方式。

团队协作、共同奋斗以及合作互助，都是一个组织取得成功的关键所在。如果要列举符合这些关键词的典型事例，没有比炭治郎和伙伴们的协作更适合的了。

鬼杀队的剑士们并非单纯地依赖伙伴，而是相互之间弥补彼此的不足，危难之中拔刀相助。他们在考虑弥补团队不足之处的同时，也思考着如何通过乘数效应使个人能力得以凸显，齐心协力奋勇杀鬼。

"伊之助！！让我们并肩战斗，共渡难关。我们要齐心协力，一起打倒这个恶鬼。"

（摘自第 4 卷第 31 话"这次让别人冲在最前面"）

在下弦之伍累组建的虚拟家族中，担任母亲角色的鬼可以随意操控人偶。在面对人偶时，首次和伊之助并肩作战的炭治郎向伙伴发出这样的呼喊。

虽然通过斩断脖子来击败鬼是惯常做法，但这个鬼却根本没有脖子。这该怎么办？

刚开始，暴走的伊之助打得很没有章法，差点就要被打败了，但炭治郎成功地阻止了敌人的进攻。虽然自以为是的伊之助对炭治郎"从脖子根部往腋下砍下去"的主意不以为然，但还是接受并实施了。最终，他们的进攻战略取得了成功。

这个例子堪称典型。可见，即使在一个人看来束手无策的事情，只要两个人通力协作，未必就不能迎来柳暗花明的转机。

"保护甘露寺小姐！！只有她最有可能击败那家伙，她是希望之光！！只要她活下去，就一定可以反败为胜！！一起打赢这场仗吧！！咱们谁都不会死……"

（摘自第14卷第123话"甘露寺蜜璃的走马灯"）

甘露寺蜜璃在对战上弦之肆半天狗的各分身合体形成的憎珀天时遭受重击，变得奄奄一息。见此情景的炭治郎为了鼓舞一起参加战斗的祢豆子、同时入队的不死川玄弥

以及濒死的蜜璃，喊出了这番话。

或许是这番对同伴动情动意的灵魂喊话起了作用，蜜璃居然睁开双眼，再次握紧手中的刀。虽然不能一举击败憎珀天，但她立刻发动攻击，迅速逆转了战场形势。紧接着，就在蜜璃与憎珀天的战斗进行到紧要关头之际，炭治郎等三人追上了半天狗的本体，并砍下了他的脑袋。

这又是一个鲜活的例子，说明了一个显而易见的道理：齐心协力能够创造无限可能，就算面对再强大的敌人也足以一战。

这里需要提醒大家的一点是，所谓的依靠同伴，并不是指完全地依附和依赖。不管做什么事，个体能力都是最基础，同时也是最重要的因素。

磨炼自己的能力，并将其融入团队的整体力量中。

让同伴也能受益于自己的优点。

若这两点不能成为团队的共识，就很难让事情按照预想顺利地进展下去。

那种不借助他人的帮助就一事无成的人，就算聚集再多也产生不了乘数效应。虽然在数学领域有负负得正的概念，但在现实情况下，只会徒增负号后面的绝对值罢了。

希望大家都能充分理解这一点，并在工作和生活中重视与同伴之间的齐心合作。

"不想输给你"能激发行动力

一个团结一致的队伍，能够意识到"我们是团队"，能够做到相互理解，由此，也更容易营造一种良好的环境氛围，激发大家的好胜心，促进大家切磋共进。

越是和同年级的同学、同时进公司的同事这种起点相同、立场一致的同伴在一起，这种你追我赶的想法就越强烈。人都有争强好胜之心，都想先人一步抢占先机。

我可不想输给那个人，输了可就太不甘心了。

在上述这种情绪的助力下，个体的上进心会被进一步激发。个人的踏实努力固然重要，但是竞争对手的出现更能锻炼我们的内心，提升我们的能力。

不服输的性格是一件利器，也是一笔财富。

要说《鬼灭之刃》中最好强的角色，伊之助绝对名列

前茅。有时候他也懂得表扬或者认可他人（虽然他总是一副高高在上的样子），但从本质上来说，他还是一个非常自信、以自我为中心的人，属于不当第一就会不甘心的类型，甚至动不动就想和同期的队员或者柱比输赢，竞争意识很强。

和炭治郎一起发现鬼的时候，他都要盛气凌人地表示这是他先发现的。当得知炭治郎通过身体机能恢复训练得了一种"全集中·常中"的呼吸技能时，他马上大声宣称自己也能掌握这项技能。

虽然不如伊之助那么极端，但炭治郎也是典型的不服输性格。就像前文中所说的，他在面对无一郎时，心里也暗暗发誓"我决不能输"。

就是这种不甘心、不服输的精神，推动他们变得越来越强。

不过，团队行动也存在局限性。

首先，我们来认识一个社会心理学概念——"林格曼效应"，也称为"社会惰化"。意思是团队组建后，不仅没有提升队员的干劲，反而使一部分人生出"反正别人会做"的想法，也就发挥不出百分之百的水平。这种情况下，团

队效能自然就无从谈起了。

曾经有一档以心理学为主题的电视节目，通过一项实验来验证了这种社会惰化现象。

他们找来五名身强力壮的男性，首先分别测定他们的力量（拉力）值，然后让这五人合作，尽全力用一根绳子拉一辆卡车，再测定此时的力量值。结果发现，五个人的个人力量值均有所下降。这说明"我不尽全力也会有人尽全力，不差我这点"的想法，在每一个人的心里都起了作用。

众所周知，社会惰化的现象最容易发生在多人协作的过程中。我在大学课堂上进行小组活动时，总是有学生无所事事。而且不只是一个人，甚至可能是几个人。这可以说是社会惰化现象的典型例子了。人们在碰到协同工作时，总会给自己付出的努力打个折扣。

反之，在个人工作状态一目了然的单一作业中，一般就不会发生这种社会惰化现象，因为在这种情况下，"我想要拿第一""我可不想当倒数"的想法会直接影响个人行动，一旦偷工耍懒就会马上暴露无遗。

我想探讨的另一个问题，是现在越来越多的年轻人即使失败了也不会觉得不甘心，很多人认为与人竞争不足以成为行动的动力。身处教育领域的我，最近也越发有强烈的切身感受。很多学生就算是失败了，也一副无所谓的样子。

是因为在这个世界上就算付出努力，也无法获得相应的收获吗？总之，缺乏热情与上进心的人确实变多了。

他们觉得不争第一也无所谓，不买豪车、不买房子也没关系，婚姻也可有可无。人生没有所谓的好与不好，无须和任何人较劲攀比，因为自己就是自己。

但事实上，他们也并非全无欲求，喜欢的动漫依旧会看，喜欢的乐队也依旧会应援。

此外，他们也依旧会在内心暗暗地计算得失，若明确知道"不这么做肯定会吃亏"，或许还多少能够激发出些许斗志，但是也仅限于此了。他们不太会有"想达成这样的目标""想要成为这样的人"之类的想法了，真的让人捉摸不透。

到底怎么才能给这些无欲无求、失去上进心的人注入新的活力呢？

要如何才能给他们安上"动力开关"呢？

到目前为止，我们都尚未找出答案。我觉得这将是我今后最重要的研究课题，也是整个社会不得不深入思考的一大问题。

或许等他们到了 30 岁、40 岁，也成长为社会的中流砥柱时，整个社会又重新建立起了另一套有别于今日的价值体系，以相应的方式正常地运转。但我总还是不免担忧：这么下去真的没问题吗？

这些都是我想向所有人大声疾呼的隐忧，正是因为我们处于这样一个时代，所以我更加希望大家，**如果有一股不甘心的情绪涌上心头，请务必珍惜。**

遇到无能为力的事情，或是在游戏、运动、学习中输给了朋友时，若你会因不甘心而哭泣，那就请发自内心地为此感到欢喜。请将这些挫折当成未来人生道路上，为了磨炼重要能力而必须经历的宝贵训练。

不再感到不甘心，开始觉得"就这样吧"，其实是个危险信号。如果放任不管，我们的内心终将变成一潭毫无波澜的死水，既成为不了想要成为的人，也实现不了想实现的梦，就这么毫无成就感、庸庸碌碌地过完此生。

若你的人生已经出现了这样的征兆，那就请一定要看一看《鬼灭之刃》。

　　请把炭治郎和伊之助的身影烙印在心中，努力把不可能变为可能，充分享受梦想实现的瞬间，度过充实丰盈的人生。

第四章

吸引志同道合者的"强大"秘诀

——炭治郎的温柔，是真正强大的表现

你能否像炭治郎一样，
即便对鬼也能温柔以待？

《鬼灭之刃》中有个场景令我印象特别深刻，那是炭治郎在最终选拔中，打败首次遇到的两个小鬼后的场景。

炭治郎面对即将分崩离析的残骸双手合十，祈祷对方能够早日成佛。

紧接着，当炭治郎打败那位和鳞泷及其弟子有极深纠葛的手鬼时，就算身上背负着被吃掉的前辈剑士们的血海深仇，在手鬼临终的那一刻，炭治郎仍然紧紧握住对方伸出的手，真诚地说道：

"神啊，希望这个人来生，不要再变成鬼了。"

（摘自第 2 卷第 8 话"哥哥"）

回头看，早在鳞泷门下修行前，炭治郎就对遇见的小鬼心怀慈悲，甚至对是否刺向对方的咽喉犹豫不决，这就是炭治郎。这并不是因为身为鬼杀队剑士的他还处于未成熟阶段，即便变强大后，炭治郎依然还保持着同样的情感。

炭治郎就是这样一个温柔的人。

多数与他对战的鬼，在烟消云散之际都会被唤醒身为人类的记忆，并忏悔成为鬼后犯下的错误。虽然炭治郎完全可以用一句"太晚了！"了结这一切，但他的做法远胜于让鬼心怀憎恶地死去。从某种意义上而言，是炭治郎为它们送上了最好的临终关怀。

当然，这样的炭治郎面对自己的同伴，更是展现出惊人的温柔。

这样的性格，对于一名需要狠下心来投入战斗的剑士而言，或许是一个巨大的弱点。周围的人也会对他皱起眉头，觉得他实在是太软弱、太温和了。

但大家仍然接受了他，并在不知不觉中被他所打动。这就是炭治郎身上的巨大魅力。

这种深沉博大的温柔和慈悲之心，会自然而然地打动

人心。

炭治郎这种不求回报、只为他人着想、帮助他人、助益他人的行为，在心理学中被称为"亲社会行为"。

亲社会性高的人，无论对谁而言都是"好人"，也是能够带动社会向好向善的人。**要做到对自己讨厌、憎恶的人都能心怀慈悲是一件非常困难的事情，如果大家都能做到，那我们离真正意义上的世界和平也不远了**。

特蕾莎修女和圣雄甘地，就是他们中的终极存在。

虽然不是谁都能那么轻而易举地成为特蕾莎修女或者甘地，但我们至少可以努力让自己拥有比现在更为宽广的胸怀，尽量不生气，不心烦意躁，多为对方考虑，被人冒犯时选择原谅……

虽然不可能一夜之间就发生翻天覆地的改变，但我们可以从力所能及之处做起，积跬步至千里。一切都取决于如何理解和接纳。

谁也不可能一辈子不跟任何人发生冲突，我们要接受这个无法改变的事实；但我们必须慎重对待的，是在和他人发生不快时的态度和思考方式。

要控制住憎恨的情绪，努力去原谅对方，尽量做到不

耿耿于怀。只要做到这些，就能极大地避免精神内耗。

虽然已经发生的事情不可能抹去，但对待与处理事情的方式却能够极大地改变一个人的未来。

你能发自内心地支持他人吗？

除了向他人伸出援手、用暖心的话语安慰他人等直接的帮助，间接的帮助和支持也具有十分重要的意义。

默默地为他人的成功祈祷。

为别人的努力拼搏加油打气。

这种态度也是让自己内心变得丰富的不可或缺的要素。

炭治郎在积极帮助他人方面堪称天下第一，同时他更是一个愿意全力支持他人的热心之人。"加油"是他的口头禅，在和同期的伙伴善逸、伊之助一起打鬼时，他更是不停地给同伴们打气鼓劲。

得到支持的一方，绝对不会因此心生嫌恶，而是会将其转化为动力。有时候，这甚至能够改变一个人的命运。

书中有很多场景能如实展现炭治郎这种"温柔对待所

有人"的态度。

炭治郎刚到锻刀村时，遇见了一个名叫小铁的少年，他正在村里当刀匠学徒。小铁继承了祖传的优秀战斗机关人偶"缘壹零式"，由于他还没有足够的锻铸能力，担心人偶坏了无法修复，因此将人偶上锁，谨慎保管钥匙。

但是，期盼能使用缘壹零式进行特训的时透无一郎将人偶强行取出。无一郎在和缘壹零式的对战中，展现出柱级队员的超强能力，和人偶激烈交锋，难分胜负。最后，无一郎从缘壹零式的左颊向左肩斜劈，致使人偶肩膀上的铠甲被毁坏。

再也修不好了，缘壹零式的继承将断送在自己这一代的手中。难过的小铁为了不让身旁的炭治郎看见自己的眼泪，迅速地爬到附近的树上，黯然神伤。炭治郎看着他的背影，对他说道：

"你还有未来。为了迎接十年后、二十年后的自己，非得努力不可。现在做不到的事情，总有一天可以做到。"

（摘自第 12 卷第 103 话"缘壹零式"）

面对这个初次见面、比自己还小的锻刀学徒，炭治郎也不吝于支持鼓励。这就是炭治郎的真本领。

在炭治郎的鼓舞下，小铁决定挑战自己，想办法修好发生故障的缘壹零式。在不懈努力下，他终于成功让人偶再次动了起来。

我们之所以能够支持他人，是因为我们愿意靠近对方，并与他人深入往来。只有能与他人产生共情的人才具备这一特性。那种对他人漠不关心，觉得别人的事与自己无关的人，是不会产生这种情感的。与他人共情能推动我们更愿意伸出援手。

现代社会中，对他人漠不关心的人越来越多，支持他人，或者得到他人的支持，已经不再是理所当然。

特别是年轻一代，他们越来越倾向于只建立自己和好友的人际关系。对于他们而言，周围的人分为两类：圈子内的"自己人"和圈子外的人。对于不在"自己人"范围内的其他人，他们自然不需要给予任何关心或者支持。

这是一件多么令人心寒的事情。

以公开比赛为职业的运动选手们众口一词："观众的支持，对我们而言是莫大的鼓励。"实际上，几乎所有运动队的主场（在自己所在地区举行的比赛）成绩都比客场（在

对方所在地区举行的比赛）成绩好，这一点已经无须举例证明了。

支持，是任何东西都难以取代的，其中蕴藏着强大的力量。

对他人的支持，久而久之也会转化为他人对自己的支持。这一切努力在充实我们内心的同时，也能促进我们取得更好的成果。在漫漫人生道路上，希望大家能尽可能多地支持他人，因为得不到支持的人生实在太无趣了。

直接表达自己的心情

　　日语中有个词叫作"读空气"，即在现场体会、观察大家的心情和想法，并根据话题趋势和大家的举动判断哪些话该说，哪些话不该说，什么事该做，什么事不该做。

　　如果大家都持赞成的意见，只有某个人表示反对，或者做出了一些不合群的举动，那这个人就会被大家认定为"不会读空气的人"。

　　特别是在构建人际关系时，这种"读空气"的能力尤其重要，有些人会因此变得谨言慎行起来。

　　毋庸讳言，读取对方的意思和想法固然非常重要。

　　但如今大家似乎对这方面过分在意了。越来越多的人为了不让自己成为别人眼中"不会读空气的人"，宁愿三缄其口。

一旦过度察言观色，就容易变得言不由衷，或者不得不保持沉默，最终导致压力累积。

更何况，通过察言观色给出的回答，以及自认为完美的回应，其实未必总是最佳选择。有时，适当保持沉默或者不小心说出点什么，效果反而会更好。

如果偏离了为对方考虑的初衷，只是为了避免遭人讨厌而处心积虑地做出思量和忖度，那么不仅是徒劳无功的，有时甚至还会对人际关系产生负面影响。

这种交往模式非常具有亚洲特色。虽然欧美人也会考虑对方的感受，但大部分情况下会清楚地表明内心的真实想法。即便对方比较难以接受，但由于双方本就是站在明确的态度立场上沟通交流，因此也很少导致关系极度恶化。

在亚洲文化中，对方表达自己真实感受的真心话，往往会被误解为是对自己的攻击。因此，很多人都会下意识地隐藏自己的真实想法。有外国人对此愤愤不平，甚至质问日本人："为什么就不能把自己的想法说清楚呢?"

要以坚定的态度，直接表达自己的想法。

或许对于许多人而言，这样的要求太高了。然而，一味地忍耐，任由压力累积，绝对算不上是好事。而**坦率地**

提出疑问，清晰地表达真实想法，绝对不是一件坏事。

要是让我说出一个行为与传统的日本人完全不同的人，我一定会告诉你：炭治郎！

炭治郎的词典里没有"读空气"这样的词。他觉得好就说好，觉得不对就直言不对，压根没有美化语言的技巧。

如果这是一个爱算计的角色，很可能会遭人嫌弃，而炭治郎就像漫画中描述的一样，是浑然天成的真性情角色。正因为大家都了解这一点，所以会觉得"真拿他没办法""就是恨不起来"，最后反倒变得都很喜欢他。

面对因憧憬家庭羁绊而组建虚拟家族的下弦之伍累，炭治郎毫不留情地揭穿了真相："你所谓的羁绊根本就是假的。"恼羞成怒的累逼着炭治郎把话收回，他却说：

> "我不会收回。我没有说错！真正可笑的是你自己！"
> （摘自第 5 卷第 37 话"折断的刀身"）

在柱合会议开始前，看到风柱不死川实弥想要杀掉祢豆子，炭治郎立刻扑向实弥，并倾泻出难以抑制的怒火：

"我不管你是柱还是谁，谁要是敢伤害我妹妹，我绝不原谅！！"

"如果连善鬼和恶鬼都分不清，那你还有什么资格当柱？！"

（摘自第 6 卷第 45 话"鬼杀队九柱审判"）

这些例子不过是冰山一角。在《鬼灭之刃》这部作品的各种场景中，我们都能看到那个总是把心里话和盘托出的炭治郎。如果不把自己认为正确的事情告诉对方，就他的性格而言是根本不会心安的。

我并不是要求大家都要像炭治郎一样过于耿直。如果是那种"真拿你没办法""怎么都恨不起来"的呆呆的性格倒还另当别论，但对于普通人而言，这么做还是太冒险了。

话虽如此，我个人也并不建议大家去过度地察言观色。**请根据对象和现场的情况，尽可能地直接表达出自己的想法吧。**

被直言相告的一方或许会因一时接受不了而勃然大怒，但等对方冷静下来后就会发现，你所说的话其实都直击要害，或许还会回过头来感激你的直言不讳。这也有可能成为扭转局面的契机，甚至会加深彼此的感情。

感谢的话要勇敢说出来

正如应该直接表达真实想法，表达感谢之情也是一样的。

非常感谢。

我很感激。

真是帮了大忙。

如果心中是这么想的，**用语言表达出来**不但非常重要，而且也是为人的基本礼仪。无论是说话人还是听话人，都会因此变得心情愉快。如果没有表达谢意，反而还有可能被贴上不近人情、不知感恩的标签。

一旦陷入"不好意思，说不出口"的思想窠臼中，甚至会面临人品风评受损的风险。

此外，尤其要注意对家人表达感谢。

或许有很多人会想当然地觉得，"都一家人了还说这个，太难为情了"，或者"就算我不说，对方也一定知道我的想法"，等等。然而，不管面对的是谁，用语言表达感谢之情都非常重要。

比如，当家里人为我们做饭、打扫房间、泡茶或者洗衣服的时候，我们可曾对他们好好地道一声"谢谢"？我们是否已经习惯了不向家人表达感谢，也习惯了家人不向自己表达感谢？一旦这样的交流模式日积月累，就会导致家人变得冷漠松散，这样的例子实际上有很多。

经常把"谢谢"挂在嘴上的家庭，和什么都不说的家庭，你认为哪种更好？哪种家庭看起来更幸福？

答案不言而喻。

《鬼灭之刃》第一话的开头，就为我们描绘了一个家庭成员间互道感谢的场景。

炭治郎冒着大雪封山的危险仍坚持下山卖炭，母亲脸上挂着柔和的笑容，对炭治郎说："谢谢。"虽然炭治郎的父亲早逝，但她并没有严厉地苛责炭治郎作为长男应该帮忙操持家务。她温柔地包容着炭治郎，坦率地向自己的孩子道谢。

鬼灭之刃心理学 锻造强大内心的 38 个法则

被下弦之壹魇梦的血鬼术催眠后的炭治郎，梦见最小的弟弟六太哭喊着央求自己"别丢下我啊"。听到弟弟呼喊的炭治郎在梦中泪流满面，一边飞快地跑远，一边在心里说道：

"对不起，六太，我们已经无法在一起了。但无论何时何地，哥哥都会想着你，想着大家。"

（摘自第7卷第57话"拿起刀"）

我们看到了一个始终对家庭心存感激的炭治郎。即使家破人亡，这种情感也丝毫未变。

炭治郎对家人尚且如此坦率，更不用说对别人了，实际上，他在面对所有人时，都会把感谢的话语挂在嘴边。

令人印象特别深刻的是，面对因悲惨的身世而变得自暴自弃的伊之助，炭治郎也总是把"谢谢"挂在嘴边，终于慢慢融化了对方那颗冰封已久的心。

面对这样的炭治郎，应该不止我一个人感到内心暖流四溢吧。

在生意场上，人们把双方都能得利的交易称为**"双赢"**。**一声"谢谢"，正是人际关系中的"双赢"**。这句话，不会

给任何一方带来损失。

我在前一小节说过，在表达自身想法的时候，不需要像炭治郎那么直接。但是，在表达感激之情时，建议大家向炭治郎学习。

因为，听到一句真诚的"谢谢"，没有一个人会心生负面情感。

如果心怀感激，就用言语告诉对方。

无论和家人、朋友还是他人，都无须建造不必要的藩篱，让我们以"一视同仁"的姿态，用心表达自己的感情。

真诚厚道不树敌

生活中，我们不一定非得通过语言才能向对方传达自己真诚的想法。有时候，行动胜过一切。即使不通过语言表达，也能展现自己的真心、指出他人的过错或者传达自己的谢意。

甚至，行动还可以弥补仅通过语言表达让人觉得"浮于表面"的肤浅。

他真的在脚踏实地地采取行动。

他不是光逞口舌之利。

当别人这么看待你时，自然会认可你、信任你，对你的评价也自然越来越好。"算计"迟早要露馅，**但真诚厚道的品质，却能够引起对方的共鸣，最终打动人心。如此一来，身边的伙伴自然也会越来越多。**

例如，心理学上有一个经常被引用的案例，即电影《十二怒汉》。影片中出庭的 8 号陪审员，就是一个极具代表性的例子。虽然其他 11 位陪审员都认为嫌犯有罪，但是 8 号经过慎重考虑，仍然投出了唯一的一张反对票。

8 号陪审员不被固有观念所束缚，对另外 11 位陪审员直言自己心中的疑惑，并提议对存疑的证据逐一质证。经过坦诚而耐心的讨论，其他几位陪审员一个个改变了自己原有的观点，最终陪审团全员都得出了嫌犯无罪的一致意见。

8 号陪审员坦率而真挚的态度、始终如一的言行和正直的姿态，让其他刚开始持完全相反意见的陪审员改变了看法。

这种现象在社会心理学中被称为"少数人影响"。真诚能够影响他人。

说起真诚厚道，还得是炭治郎。

炭治郎身上展现的，与其说是真诚厚道，不如说是憨厚耿直。

那种耿直的程度，让人恨不得对他说，"你能不能稍微狡猾一点啊""不必什么事都做到这个份儿上吧"。不仅在

 鬼灭之刃心理学 锻造强大内心的 38 个法则

说话上，炭治郎在行动上也从不弄虚作假。

虽然这么说可能有点太过直白，但炭治郎的天然淳朴真的是太无敌了。

说实诚话、做实诚事的他，甚至根本对自己"实诚人"的形象浑然不觉。他没有哪怕一点点的算计，也正因如此，他才可以不受任何干扰、毫无包袱地向前冲。

炭治郎、善逸和伊之助首次团结作战打败原为十二鬼月成员之一的响凯，从迷宫般的室内逃脱时，发生了这样一件事情。

虽然同属鬼杀队队员且共同战斗，但他们三人实际上还只是初次见面。自认为"老子天下第一"的伊之助，为了炫耀自己的实力，居然突然向炭治郎发起挑战，要一决高下。

就在两人打得难分难解之际，伊之助利用自己强悍而柔软的身体，向炭治郎的后脑勺狠狠地踢了一脚。之后，他又不断地变着花样炫耀自己有多厉害，甚至在将身体扭转一圈后，把头从双腿之间探出，看向炭治郎得意地说道："你看，我还能这样。"

一般人遇到这种情况一定会暴怒吧。然而，炭治郎却

这样喊道：

> "快住手，做这种动作，骨头会痛的！（伤势）会恶化的！！"
>
> （摘自第 4 卷第 26 话 "空手打架"）

　　炭治郎的话固然不错，但是在受到攻击时脱口而出的居然是这种话，难免让人觉得有些啼笑皆非。不过，这就是炭治郎。

　　如果炭治郎此时的反应是一边怒骂 "混蛋"，一边反击，那想必双方就会纠缠得不死不休了，两人的关系也会因此恶化。比起自己的输赢，炭治郎反而更关心伊之助身上的伤势。正是如此憨直的炭治郎，将这种无谓的长短之争画上了句号。

　　真诚厚道是一种优良的行事作风，能改善人际关系，也能成为使事态好转的契机。但是，若在这方面太过刻意，就会过犹不及。

　　这种刻意就算不是故意算计，但总归让人觉得有些做作，所以，其中的分寸和尺度实际上是很难把握的。倘若把握不当，有时甚至还会起反作用，惹人生厌。

所以，如果有人说你纯真，就请务必珍惜这样的自己。这可是承蒙上天眷顾，与生俱来的一种能力。纯真的人因为不自知而愈显纯真，能察觉这一点的人是无法刻意变纯真的。

真正纯真的人就像炭治郎那样，活得直截了当、憨厚正直。

这样的生活方式，是让身边人感到幸福的一大利器。

飞得再高，也别忘了虚怀若谷

"我觉得自己还需要不断积累……接下来我还会不懈努力，提高实力，争取成为一名能够问鼎棋圣的棋手。"

这是将棋选手藤井聪太七段（当时是四段）在 14 岁刷新赛事纪录，勇夺公开赛 29 连胜后接受记者采访时说的话。

尽管正式进入职业棋坛成为职业棋手的藤井聪太从未有过败绩，创造了空前绝后的惊人纪录，然而面对镜头时，他既没有夸夸其谈，也没有喜形于色，仍旧保持着宠辱不惊的恬然姿态，给人留下了深刻的影响。

他完全就是谦虚的代表，这一点从他进入职业棋坛开始，就未曾改变。他感恩家人和老师，敬重前辈，从来不夸大自己的实力。每次听他在达成阶段性目标后发表的感言，都会让我忍不住感慨他太了不起了。从个人角度来讲，他令我肃然起敬。

人在取得成功之后，往往容易自我满足，自吹自擂。即使外表能够有所收敛，然而内心仍旧忍不住欢呼窃喜，觉得自己"真是了不起"。

很多人都是因为得意忘形而落魄的。

在藤井七段身上，我们完全看不到这样的浮躁。虽然只有他最清楚自己的本心，但他心里应该没有沾沾自喜于自己的了不起，一句"我的实力还远远不够"足以表达他毫不伪饰的真心话。

正因如此，他才能朝着更高的目标精益求精，稳扎稳打积累实力，成为史上最年轻的棋圣头衔获得者，并创造了诸多赛事纪录。

他真是一个优秀的小伙子，既谦虚又了不起。

从这个角度看，其实炭治郎也完全具备这些优秀的品质。

他爱护家人、敬重前辈、自知、自律、努力勤勉……包括在个人才华方面，他们二人都同样出类拔萃。如果炭治郎生活在现代，即便不是剑士，也会是其他领域中年少

有为的优秀人才。

在锻刀村，当蜜璃对炭治郎赞赏有加时，炭治郎先是表示感谢，紧接着说道：

> "但是我还差得远。这次只是宇髓前辈手下留情而已。我还要加倍努力。我一定要打败鬼舞辻无惨。"
>
> （摘自第 12 卷第 101 话"悄悄话"）

在炭治郎参加柱训练的时候，发生过这样一件事。岩柱悲鸣屿行冥称赞他在锻刀村与鬼大战时，舍弃小我成就大我，比起妹妹的安危优先救助村里人的性命。炭治郎却纠正道，那是祢豆子自己的决断，不是他的。

太谦虚了！我只能这样形容他。

一个人能够保持谦虚，证明他能够冷静地分析自身情况。反之，一个人如果看不清自己，则谦虚根本无从谈起。 谦虚的人心无片尘，他们不仅对依靠自己的力量能够成就的目标有清晰的认识，而且能够充分地理解别人对自己所做的一切。

如果一个人内心蒙尘，那他就做不到真正的谦虚，而是故作谦虚而已。

这种人虽然嘴上说着"不不不，我可没什么本事"，但内心却觉得自己很了不起。

谦虚，源自他人对自己真诚言行的认可；而故作谦虚，则是根据自己的判断，通过刻意压低自我评价，并期待他人察觉来实现。两者之间有着云泥之别。

拥有自信并非坏事，然而过度自信则为大忌。

因为过度自信是阻碍成长的重要因素，大家务必注意。

那些行业翘楚，大都是谦谦君子。他们的姿态、他们的生活方式，可供大家参考。

舍弃一己私欲

假设，你为了购买一家由超人气西点师傅制作的限定款蛋糕，营业前便开始在店门口排队等候。由于队伍中并不全是想买限定款蛋糕的顾客，因此无法预知到底能否买到。

店铺开门营业后，店员开始发放购买限定商品的号码牌。无比幸运的是，你拿到了最后一张号码牌。

正在这时，你突然发现身后有一名小学生模样的小女孩，原本对蛋糕满心期待的她委屈得泪眼婆娑，陪在一旁的母亲正极力安慰她说："没办法啊，只能等下次了。"

这种情况下，你会把手中最后一张号码牌让给小女孩吗？

若自己真的就在现场，或许还真是难以立刻做出决断。

假如当天是限定款蛋糕的最后一次销售，有的人在犹豫之后恐怕还会把自己放在第一位呢。因为，谁都不想失去来之不易的机会。

然而，如果换作是炭治郎，则完全没有这方面的困扰。一旦遇到类似情况，他定会毫不犹豫地选择让别人开心。

炭治郎可以果断舍弃一己私欲。不，或许应该说他根本就没有一己私欲。

他会把任何东西让给任何人，谦虚礼让，成就他人。

炭治郎会那么做，并不是一种基于"先人后己"的权衡策略，而是一种下意识的自然行为。

在炭治郎和伊之助合力对战下弦之壹魇梦时，从两人的下面这段对话中，就足以看出炭治郎这方面的特质。

> 炭治郎："伊之助！！这里正下方就是鬼的脖子！！"
> 伊之助："你少给我下命令，我才是老大！！"
> 炭治郎："收到！"
>
> （摘自第7卷第61话"车头攻防战"）

虽然生死攸关之际还在争谁大谁小的伊之助着实让人无奈，但对大小之争完全无感的炭治郎也是真干脆。在炭治郎看来，只要能够将鬼打败，谁是什么地位根本不值得

考虑。这样的姿态，真是叫人佩服。

在与上弦之肆半天狗的四个分身的那场激战中，炭治郎与同伴之间的对话也令人印象深刻。

和三个分身同时作战的炭治郎，遇到了在另一个地方和剩下那个分身作战的玄弥。炭治郎在战斗中发现，即便砍杀了眼前三个分身，仍然还存在第五个分身。此时玄弥认为自己才是那个最终要成为柱的人选，因此极力要求炭治郎把上弦的头留给他来砍。此时，炭治郎说二话不说便让给了玄弥。

"原来如此！！好，我知道了！！我和祢豆子全力援护你！！我们三人一起合力！！"

(摘自第13卷第113话"赫刀")

炭治郎应该也希望进阶为柱，但那不是欲望，在他眼里，那只不过是为了有朝一日打败鬼舞辻的必经之路。至于什么要成为人上人、保持优越性之类的想法，他不曾有过一丝一毫。

人就算有心想要舍弃内心的欲望，但也往往是有心无力，难以达成。

然而，一个无私的人，不但能够助力身边人成功，促进他们的成长，还能获得众人的信任。

　　只要事情能够顺利推进，只要最后大家都能和睦幸福，也就无须计较那些细枝末节。把自己的事情放在第二位也没关系。

　　炭治郎用亲身经验告诉我们，如果为人处世能做到这种程度，自己也终将受益无穷。

第五章

以鬼为鉴，克服人类的弱点

——鬼是人类的反面教材

鬼是利己主义的集合体

　　本章将视角从鬼杀队转向鬼，并列举出鬼典型的"错误行为"。我们务必要以这些反面教材为鉴，不要犯同样的错误。

　　本章内容与第一至四章中提出的观点和主张正好相反（换而言之，就是从反面阐述相同内容），所以我将以紧凑的节奏进行简要的介绍。

　　炭治郎等人与恶鬼之间，有个最大的不同点，那就是恶鬼从不会设身处地地为他人着想（对鬼舞辻的忠心除外），他们所做的一切都是为了自己。

　　他们是利己主义者。自私、自利、自以为是，只为自己得利，从不管他人死活。

> "混蛋……这是在下的猎物，是在下于自己的领地上发现的猎物……"
>
> （摘自第 3 卷第 21 话"鼓之家"）

　　这是前十二鬼月响凯为满足自己的口腹之欲，将珍稀血统的人类孩子带到屋子里，却差点被其他鬼捷足先登时发出的一句怒吼。鬼之间并无所谓的同伴意识，这句台词充分展现了他们不惜通过互相残杀来争夺猎物的关系。

> "我只要自己过得好就行了，其他的鬼都是蠢货，但我不一样。"
>
> （摘自第 5 卷第 41 话"蝴蝶忍"）

　　这是下弦之伍累所创造的虚拟家族中担任姐姐的鬼在犯错后，为了消除内心恐惧而安慰自己时说的一句台词。她认为自己与那些不听从累的要求和命令而被杀的恶鬼不同。

　　坚定地说出"只要自己好就行"，听起来像是洁身自好的表现，实际上是对他人的漠不关心。

> "鬼不会变老，不用花钱填饱肚子，不会生病，不会死亡，不会失去任何东西，美丽和强大的鬼可以肆意妄为……！！"
>
> （摘自第10卷第81话"重叠的记忆"）

当炭治郎告诉上弦之陆堕姬，在她还是人类的时候应该也曾因痛苦和苦难而流泪时，堕姬这样反驳道。

那句"可以肆意妄为"真是让人不禁一时语塞。无论对这样的人说什么，都无疑是对牛弹琴。人（虽然堕姬是鬼）一旦变成这样，可就真的完了。

利己主义一定会带来不幸。

利己主义者很快就会失去他人的信任。

譬如在一场足球或篮球比赛中，若你因迫切想要得分而丝毫不顾阵型或战略，而是一直自顾自地进攻，最终没有人会愿意再传球给你。若是一直进攻却每每无法命中，情况就会更糟。不过，我想这样的人或许连上场比赛的机会都没有吧。

一旦出现不顺心的事便开始生气或闹别扭，即使最后能得到满意的结果，也不过是自认为的满意罢了，周围的其他人可未必会这么认为。

这样的人在真正需要帮助的时候，只会陷入孤立无援的境地。

为人处世，一定不能过分自私，不顾他人的想法。

鬼缺乏温柔的记忆

即使原本是内心善良的人，一旦变得自私自利，就会失去看清事物本质的能力。

《鬼灭之刃》中出现的鬼，都是为了逃避痛苦的现实而将灵魂出卖给鬼舞辻的人。在他们成为鬼后，也就自然失去了人类所拥有的情感（如温柔、关心他人、感恩等）。

反过来说，这意味着一旦看不清事物的本质，就会变成恶鬼。我想，这也正是这部作品想要告诉我们的道理。

如今，越来越多的大学生表示大学生活真无趣、找工作真累，有些人甚至还会因为想偷懒、贪玩而直接选择逃课。每每见到这样的学生，我总会想：

究竟是谁把他们培养成了大学生呢？

又是谁为他们支付了学费？

当然，许多勤劳的学生通过半工半读为自己赚取了生活费和学费。但也不乏一些盲目自信的学生，表现得像是这一切都是自己的功劳，与他人毫无关系。

但凡对无私地爱着自己、养育自己的父母和家人抱有一丝感恩之心，就该明白不能自说自话、为所欲为。

很遗憾，我没能从他们身上看到一丝这种感恩之情。

也许连他们也没有意识到，自己站在了鬼的那一边。

人的大脑会加深不利或讨厌的记忆，以避免出现同样的情况。而在得到他人帮助时，大脑并不会产生任何抵触情绪，所以很快就会被遗忘。正因如此，我们应时刻提醒自己莫忘他人恩。

虽然每个人的原生家庭各不相同，不能说所有人都是这样，但在成长的过程中，我们应该都或多或少地得到过他人的温柔对待吧？记不住曾得到过的帮助，这是受大脑功能所限，是我们改变不了的事，但将别人的好意视为理所当然，那可就是自私和傲慢的表现了。

子欲养而亲不待。

如果以"只要自己好就行"的心态生活下去，这句老话总有一天会成为现实。

> "刚出生的时候，每个人都是弱小的婴儿，只有在别人的照顾下才能健康成长，你也是呀，猗窝座。"
>
> （摘自第 17 卷第 148 话"碰撞"）

在焦灼的战斗中，上弦之叁猗窝座坚称自己讨厌弱者，认为弱者活该被淘汰。对此，炭治郎如是反驳道。

虽然这句话并未让猗窝座动容，但炭治郎说得一点也没错。紧接着，作者用一段回忆性的场景，让读者看到了人类时期心地善良的猗窝座，这也让炭治郎的这句话变得更有分量。

临死前，猗窝座恢复了记忆，可一切都已经晚了。一旦将灵魂卖给恶鬼，就很难再回到从前了。

为了自保，鬼可以淡定地撒谎

正如有"善意的谎言"这种说法，在某些特定的时间和场合下，有些谎言是可以被原谅的。

为了不伤害对方或是鼓励对方而说出的善意谎言，为了让性格别扭的人鼓起干劲的谎言，故意扮黑脸的体贴谎言，以及为了改善人际关系而说出的谎言……

在某些特定的情况下，我们需要通过谎言来达到善意的目的，我就有过这样的经历。

但是，若是**毫无顾忌地说出伤害对方、损害他人利益的谎话，或为求自保、为满足虚荣心而说谎，那就是绝对不能容忍之事了。**

若果真如此，最终也只能自食恶果。即使暂时蒙混过关，但纸毕竟是包不住火的，长远来看仍然对自己不利，也终将失去所有人的信任。

"撒谎是偷窃的开始。"

这句谚语说得很妙，毫不犹豫就脱口而出的恶意谎言，不会给任何人带来好处。

上文中提到的虚拟家族中的姐姐正是如此，在蝴蝶忍质问其迄今为止究竟杀了多少人时，她为了隐瞒自己的罪恶而谎报了人数。

因为她感受到了与忍之间巨大的实力差距，明白哪怕用尽全力都不是忍的对手，为了活下去，她选择了撒谎。

"……我杀了五个人，但都是迫不得已的。"

（摘自第 5 卷第 41 话 "蝴蝶忍"）

但是，蝴蝶忍很快就识破了她的谎言，并推测出她一共吃了 80 人，因为有证据表明，仅此一天就有 14 人被她所杀害。

这个意识到无法依靠谎言自保的鬼只能负隅顽抗，却因中了虫柱的忍术而被毒死。

恶意的谎言迟早会被识破，撒谎之人也必将得到报应。

这一点请一定要时刻铭记于心。

鬼之间的羁绊，
只有恐惧、憎恨和厌恶

"羁绊"一词，指的是人与人之间通过牢固的信赖关系建立的联系。"羁绊"在日语中最初是指拴住家畜的绳索，所以一开始指代的是支配关系，而不是信赖关系。

从这个意义上说，鬼舞辻和其下众鬼之间的关系，以及下弦之伍累所建立起来的虚拟家族，都宛如一种依靠铁链连接的状态。

所以，这并不是理想的羁绊，正如炭治郎痛斥累时所说的那样：

> "被牢固的羁绊连接在一起的人，是互相信赖的。而你们身上只有恐惧、憎恨和厌恶，这种东西不叫羁绊，是赝品……是假的！！"
>
> （摘自第5卷第36话"这下真的不妙了"）

累被炭治郎的话激怒，但没过多久鬼杀队就把鬼家族打成了一盘散沙，这也充分证明了炭治郎说的并没有错。后来，累回忆起自己还是人类时，曾亲手切断了与父母间的羁绊，最终悔恨而死。

这种被恐惧支配的羁绊是十分脆弱的，必然会在某个时间露出破绽。我们所生活的现代社会中也不乏类似的例子。

不停压榨职员的黑心企业。

成员对上级唯命是从的俱乐部或社团。

在具备严格尊卑等级制度的机构中，一旦领导阶级的权力过大，往往会出现严重的后果。正如炭治郎所说，**在被恐惧支配的关系中，不存在相互信赖**。这正是鬼舞辻和其下众鬼关系的真实写照。

鬼只看结果，弱者只能是"弃子"

只看重结果，马上舍弃拖后腿或实力不足的成员，这种做法反而会降低整个团队的水平。因为即便有一些非常优秀的成员，但若不能上下齐心，团队的力量依然会被削弱。

给能力不足者和基层人员提供努力的机会，打造良性竞争的环境，帮助他们成长，才能提升整个团队成功的可能性。

随意"丢弃"弱者，最终自己只会成为孤家寡人。

只剩一个人，应该会觉得很孤独吧。

> "吃不下了吗？你就只有这种程度吗……我要剥夺你的数字，这就是你的极限了。"
>
> （摘自第 3 卷第 24 话"原十二鬼月"）

邪恶的化身鬼舞辻曾经赋予响凯十二鬼月的身份，却在其能力下降，逐渐吃不下人类后，毫不留情地将其除名。

面对没有价值的鬼，鬼舞辻会毫不犹豫地放弃，没有丝毫怜悯之心。

累被杀后，鬼舞辻立即喊来了剩下的下弦之鬼，并质问他们"为什么你们这么弱"。随后，鬼舞辻一边逐个解决所有试图找借口辩解的下弦之鬼，一边斩钉截铁地说道：

> "我不可能做错，我可以决定一切，我的话就是命令，你没有拒绝的权利，我说对的，就一定是对的。"
>
> （摘自第 6 卷第 52 话"冷酷无情"）

这就是鬼舞辻的手段，蛮不讲理、不可理喻。

可见鬼舞辻的下属们有多可怜。一个中学生在读到这一幕后说，鬼舞辻所说的简直就是不折不扣的权力骚扰，自己应该引以为戒，及时反省。

鬼舞辻的目标是找到"蓝色彼岸花"——一种吃了以后就能无惧阳光的神药。

为此，鬼舞辻必须铲除碍事的鬼杀队，也就需要不停地扩充鬼部下的数量，努力打造一支精英队伍。可是，就

连鬼舞辻最看好的上弦之鬼们，也一个接一个地倒在鬼杀队的脚下，这足以说明鬼舞辻的方针并不可取。

结果论固然不无道理。

但过程也至关重要。

在一个团队中，掌权者不可一意孤行，而是要在不断提升所有成员责任感的同时，积极采纳一线与基层工作者的意见和想法，构建积极的沟通机制。只有如此，才能促进所有人的持续成长，团队也会变得越来越强大。

一个被恐惧所支配的团队，定将土崩瓦解。

嫉妒、怨恨会让人变成鬼

每个人都有嫉妒或羡慕别人的时候。

但绝不能被嫉妒或羡慕蒙蔽了双眼。

日语中"羡慕"一词，是由"内心"和"生病"合并而成的，指的是对别人拥有自己所没有的东西的一种感情。千万不要让羡慕发展为嫉妒，而是应将其视为自己奋斗的目标。不断改进、努力进步，这才是提升自我应有的态度。

虽然嫉妒也可能会化作反抗精神成为我们进步的驱动力，但若因此伤害对方，或是恶语中伤他人，那可就成了恶鬼的行径了。这就完全搞错了方向。

如今，受嫉妒心的驱使，在网络上辱骂、攻击他人的人越来越多，看了令人心情沮丧。

许多人渴望被认可，但选择了错误的方向，带着扭曲的自我表现欲，在不归路上越走越远。

面对面绝对不敢说出口的话，因为匿名的缘故得以大肆发泄，这些不过都是小人的恶毒行径罢了。

由于内心得不到满足而持续匿名发泄，从此陷入恶性循环之中……或许连他们自己都没有意识到这个问题吧。若从一开始就不曾陷入这样的循环，也就不会被深不见底的不满所侵蚀。可面对这样的人，哪怕说破嘴皮也无济于事。

《鬼灭之刃》中的恶鬼们也是如此。他们被强烈的嫉妒心所蒙蔽，产生了让人匪夷所思的想法。即便慧心妙舌如炭治郎，也对他们束手无策。

其中最具代表性的，就是由妓夫太郎和堕姬这对兄妹组成的上弦之陆。人类时期，年幼的他们在恶劣的环境中饱受虐待，所以内心对"什么都有了的人"充满怨恨和嫉妒，尤其是兄长妓夫太郎，行为更是乖张无比。

在面对外表英俊、身材健硕的音柱宇髓天元时，他说：

> "这小脸蛋可真好看啊，皮肤光滑，没有丝毫斑点、瘀青或伤疤，身材也很好，哪像我，一直胖不起来。啊，这身高也不错，超过六尺了吧?"
>
> （摘自第 10 卷第 86 话 "妓夫太郎"）

听到善逸 "己所不欲，勿施于人" 的训斥后，妓夫替堕姬反驳道：

> "自己遭遇了那么多不幸，就要从那些幸福的人手中夺回来。"
>
> （摘自第 10 卷第 88 话 "获胜的方法"）

那些喜欢在网络或社交媒体上中伤他人之人，看到这段台词可能会面色铁青吧，即使程度轻重不同，其行为性质也并无太大差别。

两者根本的观念和想法是相同的。羡慕他人无可厚非，但如果将这种情绪转变为负能量则完全不可取。

人无完人，每个人的思考和理解方式各不相同。好坏评价因人而异，事物也有其多面性。匿名后宣称自己才是正义的，并以此攻击他人的做法，是充满偏见的错误行为。脑科专家中野信子曾将这种行为称为 "正义中毒"。

想要得到自己没有的东西，那就努力去争取。

或者，寻找替代品也是一种很好的办法。

若无法用这样的态度去面对，内心很可能就会因嫉妒

而越来越像鬼。

鬼灭之刃心理学 锻造强大内心的 38 个法则

结语

《鬼灭之刃》是一部人生教科书

诚实，坦率，认真。

无论如何，炭治郎的这种不带一丝阴暗的直率生活方式，造就了他真正的强大，也为许多人带去了勇气、活力和感动。

本书基于《鬼灭之刃》原著漫画中的场景而写，想必各位也知道，这部作品还有动画版。

有意思的是，动画版中出现了许多原作中没有的场景，犹如注入了绝妙的调味剂，让炭治郎的人物形象变得更加丰满。与此同时，原作中的亮点也被很好地捕捉和表现了出来。

例如，在最终选拔后，天各一方的炭治郎和善逸久别重逢时的情景。

善逸做出了一个令人难以置信的决定——突然向初次见面的女性求婚！就在对方面露难色时，炭治郎适时出现并打破了僵局，善逸当然也就被拒绝了。两人在激烈争吵

后，一起走向同一个目的地。

而动画版则在此处新增了一幕。

看到善逸肚子很饿但什么也没有吃，炭治郎递给他一个饭团。虽然前一刻才被善逸埋怨"都是你坏了我的好事，你得负全责"，但炭治郎并没有生他的气，这确实体现了炭治郎的性格。

善逸咬了一大口饭团后问道："你不吃吗？"

这时，炭治郎答道："只剩下这一个了。"

听了这话，善逸果断地把饭团掰成两半，一边说着"一起吃吧"，一边将半个饭团递给炭治郎。

"可以吗？那谢谢啦。"炭治郎答道。

那明明是炭治郎自己的饭团，还是仅剩的一个。

动画版的《鬼灭之刃》通过这样的温馨场景，更加生动地刻画出了炭治郎独特的人格魅力以及善逸柔情的一面。这个凸显二人强大内心的场景并未在原作中出现，只在动画版中才有。

我相信愿意翻看本书的读者，应该也看过动画版的《鬼灭之刃》。若两个都不曾看过，或是只看过原作而未看过动画，建议大家两相对比着看一次，阅读的乐趣可能会因此至三倍。

而增

之刃》是一部很有深度、值得反复品鉴的精彩

本书中只节选了极小一部分台词和情节。虽然大部分

是与主人公炭治郎相关的场景，但也不乏一些配角的经

典台词和感人故事。

这部作品就是一部优秀的人生教科书

这绝不是在夸大其词。

希望大家能在原作和动画版中获得更多的感触，进一

步学习和思考，并应用到实际生活中去。

如此一来，就可以拥有更强大的内心和更坚定的自信，

就能收获更多欢笑和幸福的瞬间，获得更大的成就感和满

足感。

井岛由佳

"Kimetsu No Yaiba" Ryu Tsuyoi Jibun No Tsukurikata © 2020 Y
All rights reserved.
Originally published in Japan by Ascom Inc.
Chinese (in Simplified characters only) translation rights arranged w
KANKI PUBLISHING INC., through East West Culture & Media Co., L
著作版权合同登记号：01-2024-4859

图书在版编目（CIP）数据

鬼灭之刃心理学：锻造强大内心的38个法则 /（日）
井岛由佳著；潘郁灵译. —— 北京：新星出版社，2025.
5. —— ISBN 978-7-5133-5565-0

Ⅰ. B84-49

中国国家版本馆CIP数据核字第2024SX8686号

鬼灭之刃心理学：锻造强大内心的 38 个法则

[日] 井岛由佳 著；潘郁灵 译

责任编辑 汪 欣

产品监制 王秀荣

特约编辑 田中原

责任印制 李珊珊

装帧设计 张立鑫

出 版 人 马汝军

出版发行 新星出版社

（北京市西城区车公庄大街丙 3 号楼 8001 100044）

网 址 www.newstarpress.com

法律顾问 北京市岳成律师事务所

印 刷 北京华联印刷有限公司

开 本 787mm×1092mm 1/32

印 张 5.75

字 数 86 千字

版 次 2025 年 5 月第 1 版 2025 年 5 月第 1 次印刷

书 号 ISBN 978-7-5133-5565-0

定 价 59.00 元